高职建筑工程识图课程教学的研究与实践

尧国皇 孙 明 金志辉 徐伟伟 著

中国建筑工业出版社

图书在版编目（CIP）数据

高职建筑工程识图课程教学的研究与实践 / 尧国皇等著. -- 北京：中国建筑工业出版社，2025.4.
ISBN 978-7-112-30981-8
Ⅰ．TU204.21
中国国家版本馆CIP数据核字第20257C2N42号

责任编辑：万 李 曾 威
责任校对：赵 力

高职建筑工程识图课程教学的研究与实践
尧国皇 孙 明 金志辉 徐伟伟 著
*
中国建筑工业出版社出版、发行（北京海淀三里河路9号）
各地新华书店、建筑书店经销
北京光大印艺文化发展有限公司制版
廊坊市海涛印刷有限公司印刷
*
开本：787毫米×1092毫米 1/16 印张：11¼ 字数：178千字
2025年5月第一版 2025年5月第一次印刷
定价：59.00元
ISBN 978-7-112-30981-8
（44103）

版权所有 翻印必究
如有内容及印装质量问题，请与本社读者服务中心联系
电话：(010) 58337283 QQ：2885381756
（地址：北京海淀三里河路9号中国建筑工业出版社604室 邮政编码：100037）

前 言
FOREWORD

图纸是工程师的语言，对于高职土建类专业的学生来说，熟练识读建筑相关图纸，是基本的专业技能要求。本书是作者在从事高职土建类专业工程识图课程理论教学与实践教学过程中相关研究成果的总结，力求为高职建筑工程识图课程教学贡献绵薄之力。

本书以高职土建类《平法识图与钢筋计算》课程为例，对高职土建类工程识图课程的理论教学与实践教学进行了系统总结。本书的主要内容如下：

（1）从分析工程识图能力的重要性入手，说明本书的研究目的，并对相关研究现状进行了综述和分析。

（2）介绍了课程的课程性质与定位、课程教学内容、课程教学计划、课程教学方法和课程教学效果评价，并给出了课程说课案例。

（3）进行了信息化技术在课程教学中的应用研究，包括各类软件、教学平台（智慧职教和学银在线）和课程微信公众平台在课程教学中的应用，并给出了信息化教学设计案例。

（4）结合课程资源建设，介绍了课程资源建设思路、教材建设、钢筋三维数字模型建设、动画与视频资源开发和工程案例资源建设等具体措施。

（5）将课程思政与劳动教育元素有机融入课程教学，介绍了课程思政教学设计、课程思政的教学实施案例、课程思政试题样题、劳动教育元素融入课程教学设计以及钢筋绑扎实训方案。

（6）以赛促学与以赛促教，介绍了教学团队在指导高职技能大赛建筑工程识图赛项和结构设计信息技术大赛时的一些经验体会以及对识图课程教学的启示。

本书分为六章，尧国皇撰写第一章、第二章和第四章，第三章和第五章由尧国皇和金志辉共同撰写，第六章由尧国皇、孙明和徐伟伟共同撰写，孙明对全书进行了校对，全书最后由尧国皇统一定稿。

本书的研究工作和出版得到广东省教育教学研究课题（"基于BIM技术的高职扩招建设工程管理专业工程识图类课程教学新模式的探究与实践"、深圳信息职业技术学院课程思政示范课程《平法识图与钢筋计算》、深圳信息职业技术学院校级样板支部专项经费、深圳市孔雀计划（"海工混凝土材料与结构性能机理研究"，项目编号：RC2022-004）、国家自然科学基金（"氯盐、硫酸盐与荷载耦合作用下海工混凝土微结构劣化与损伤机理研究"，项目编号：52308271）等课题的资助。除此之外，深圳市合新建造科技有限公司和深圳市双钻建筑工程设计咨询顾问有限公司对于本书成果的完善也给予支持和帮助，特此致谢！

感谢深圳信息职业技术学院建设工程管理专业和智能建造技术专业的学生们参与本课程研究的实践，特别是钟宇涛、林梓锋、周金卉、林禧、李坪峰、詹舒欣、黄天宝、林子健、黄吉群、吕欣欣、刘炜仪、张丽旋、郑浩漫、郑增龙、方展娇、林树杰、林旭东、曾富旺、梁招英、庄晓如、庄群利、张晓玲、叶永辉、何文伟、刘德豪、李佳怡等建筑工程识图大赛参赛同学，谢谢你们！

本书的完稿离不开相关领域专家学者的支持和鼓励，部分内容引用了国内同行专家的研究成果，在此致以衷心的感谢，所列参考文献如有遗漏，在此由衷致歉。

由于作者学识水平和阅历所限，书中难免存在不当或不足甚至谬误之处，作者怀着感激的心情期待着读者不吝给予批评指正。

智慧职教慕课《平法识图与钢筋计算》二维码

尧国皇
2025年4月于深圳

目 录

第一章 绪论……1
1.1 工程识图能力重要性分析……1
1.2 本书的研究目的……2
1.3 相关研究现状……5
1.4 本书主要内容……23

第二章 课程教学标准……25
2.1 课程性质与定位……25
2.2 课程教学内容……26
2.3 课程组织与教学计划……28
2.4 课程教学方法……30
2.5 课程教学效果评价……38
2.6 课程说课案例……41
2.7 本章小结……47

第三章 信息化技术在课程教学中的应用……49
3.1 引言……49
3.2 各类软件在课程教学中的应用……50
3.3 智慧职教与学银在线在课程教学中的应用……59
3.4 课程微信公众平台建设与应用……64
3.5 信息化教学设计案例……69
3.6 线上教学实施案例……79
3.7 本章小结……85

第四章 课程资源建设 ··· 87
- 4.1 引言 ··· 87
- 4.2 课程资源建设思路 ··· 88
- 4.3 课程教材建设 ··· 88
- 4.4 钢筋三维数字模型建设 ··· 92
- 4.5 动画与视频资源开发 ·· 95
- 4.6 工程案例资源建设 ··· 103
- 4.7 识图软件平台建设 ··· 106
- 4.8 本章小结 ··· 110

第五章 课程思政与劳动教育 ······································· 111
- 5.1 引言 ··· 111
- 5.2 课程思政教学设计 ··· 113
- 5.3 基于BIM技术的课程思政教学实施案例 ······················ 119
- 5.4 课程思政试题样题 ··· 122
- 5.5 劳动教育元素融入课程教学 ····································· 136
- 5.6 钢筋绑扎实训案例 ··· 138
- 5.7 本章小结 ··· 145

第六章 以赛促学与以赛促教 ······································· 147
- 6.1 引言 ··· 147
- 6.2 建筑工程识图大赛 ··· 148
- 6.3 结构设计信息技术大赛 ··· 154
- 6.4 本章小结 ··· 161

附录 《平法识图与钢筋计算》课程思政试题样题参考答案 ············ 163

参考文献 ·· 165

第一章

绪论

1.1 工程识图能力重要性分析

图纸是工程师的语言。对于高职土建类相关专业的学生来说，熟练识读工程相关图纸，是专业的基本技能要求。在建筑工程建设的各个阶段，无论是对项目进行质量方面的管理还是造价的核准都是以图纸为基准的。因此，工程图纸是建筑工程中最不可或缺的文件，同时它也是帮助设计师与建设者进行思想交流的桥梁。通过学习、掌握识图的方式，能够帮助学生构建起对于建筑构造和建筑结构的认知体系，同时能够帮助学生更好地对建筑工程图纸所表述的内容进行理解，并且具备一定的绘图能力，从而为土建类专业其他课程的学习打好基础。

建筑行业的施工图是建筑物的重要表达形式，在建筑行业，尤其是对于建筑工程相关专业的人员来说，无论是对工程项目进行设计、施工还是管理，都是以工程图纸为基础的。设计人员通过图纸来表达自己的设计理念，只有正确识读工程图纸，才能够更好地传递设计师的设计意图，进而指导和协助现场施工人员进行合理施工。高职土建类专业毕业生到施工、监理、造价等单位就业，如果看不懂图纸，将直接影响就业竞争力。读懂施工图是土建类专业学生必备的基础能力，其在后续从事工程建设、工程施工、工程监理、工程造价咨询等工作岗位时，都会用到工程识图的知识。工程识图能力培养对高职土建类相关专业的学生的重要性是不言而喻的，以往，相关教师对此进行了大量的相关阐述，以下简要作一些综述。

俞锡钢（2015）指出识读结构施工图是学生必须具备的核心能力。文章同时也基于调查统计结果显示，学生普遍存在结构识图能力较差，对国家建筑标准、设计图集理解不够，不能快速适应工作岗位的需求。

苏泽斌（2018）指出建筑工程的识图能力对于整个建筑专业来说是基础中的基础，只有牢牢把握住这门技能，才能够在未来的专业领域内发挥出更大的能力。识图技能的养成并非一蹴而就，它必须通过日积月累的学习和实践。从学校的角度出发，学校在进行课程规划设计时需要依照各个学科的不同需求，科学合理地安排课程内容，以确保学生的识图能力可以与自身的专业知识紧密地联系起来，进而在学习过程中不断地强化识图技能。耿爽（2020）也表达了相同的观点，建筑工程专业学生的识图能力是非常重要的一项能力。

从 2017 年起，全国职业院校技能大赛建筑工程识图赛项的举办，旨在搭建建筑工程识图技能的竞技舞台，促进课程教学与岗位技能需求互通，对标职业岗位核心能力，引发学生对识图技能关注，引导学生强化实践锻炼，深化技能学习，提升技能水平，满足建筑业转型升级对高素质技术技能人才需求。该赛项的成功举办，从另一个方面也说明了工程识图能力的重要性。

1.2 本书的研究目的

如上所述，建筑工程识图技能在高职土建类专业知识体系中占据着重要的地位，但相关调研结果表明，高职土建类毕业生工程识图能力不强，具体表现在：建筑施工图和结构施工图综合识图能力弱、对国家平法标准图集中的钢筋标准构造掌握准确度不够、无法合理应用平法图集中相关规则解决工程实际问题、对新型钢-混凝土组合结构识图能力弱等。造成以上问题的原因是多方面的,杨帆等(2015)、黄美玲等(2019)、郭容宽(2014)、苏泽斌(2018)等文献均做了相关的论述与分析。

本书以培养学生结构施工图识图能力的《平法识图与钢筋计算》课程为例,试图去分析其原因。结构施工图的表达方法是随着混凝土结构施工图采用建筑结构施工图平面整体设计方法(以下简称平法)的发明而发展的。建筑标准设计平法图集是"平法"创新成果的集中体现,是结构施工图表达方法上的一个重大改革。平法的表达形式,概括来讲,是把结构构件的尺寸和配筋等,按照平面整体表示方法制图规则,整体直接表达在各类构件的结构平面布置图上,再与标准构造详图相配合,即构成一套新型完整的结构设计。平法施工图的表达方法更加数字化、标准化、符号化,整体构件分类明确地标识在施工图中,大大简化了结构施工图的绘制和识读过程(例如大量节约了传统表达方法绘制梁、柱剖面图和截面配筋图的工作量),是建筑行业革命性的改革。

综合以上文献的相关论述,并结合作者从事《平法识图与钢筋计算》课程教学近十年的教学经验,对结构施工识图教学效果不尽如人意的原因分析如下:

1. 课程内容需要一定的理论基础

平法图集的编制依据是现行的《混凝土结构设计标准》和《建筑抗震设计标准》,因此相关制图规则和钢筋构造是以相关设计理论作为支撑的,如"强柱弱梁""延性破坏""剪切破坏""倒梁""应力集中"等概念都蕴含在图集之中,高职学生理论基础薄弱,课程有些教学内容难以理解。

2. 教学重难点内容较为抽象

由于平法制图规则和钢筋标准构造的内容较为枯燥,教学重难点抽象、节点构造繁杂,需要学生有较强的空间思维能力,即学生看了二维的图纸,却很难想象空间三维实物,这也是高职学生的弱项。

3. 教学方法缺乏创新

大部分《平法识图与钢筋计算》课程教学主要是教师在讲台上讲解,学生被动接受的过程,整个过程教师把知识点灌输给学生,难以激发学习兴趣。

4. 教材缺乏创新性

大部分教材内容按照平法图集的顺序来编写，尤其部分教材不加选择，几乎将22G101系列图集中内容全部写入教材，导致教材内容过多。如教材中给出钢筋标准构造图，但无相关的实际工程图片对应，导致学生理解不深。现行有些教材更新缓慢，远远落后于新技术、新材料的应用，教材插图过于老旧且内容表达不直观。

5. 教学资源不丰富

用于课堂教学的教案、课件容易实现，各种不同类型的钢筋施工绑扎工程图片、钢筋三维数字模型、动画与视频资源、各种典型钢筋混凝土结构体系工程全套图纸等资源不易实现，不利于学生对知识点的理解。

6. 实训室建设不能满足现场实践教学要求

由于22G101系列图集中的钢筋标准构造过多，限于资金或场地，大部分学校无法在校内建设钢筋混凝土结构的钢筋绑扎工艺工法实训室，只能采用实际工程照片、钢筋加工及绑扎视频等辅助教学手段来弥补实践教学的不足，但照片、视频所表现的内容不够完整，只能反映构件的局部，尤其对构件节点表达不清晰，达不到具体、形象、直观的教学效果。

7. 课程考核评价方式不全面

大部分学校的《平法识图与钢筋计算》的最终成绩都是由平时成绩和期末考试成绩来决定，这样的考核形式比较单一，学生平时的实际应用操作能力并没有得到体现，这和本门课程实践性强的特点不符。

8. 教师缺乏工程经验

符合社会要求的技能型的土建类人才的培养需要专业课教师的组织和实现，同时也需要相应的教育机制的保障。目前我国大学土木工程类教学体系重科研、轻教学，重理论知识传授、轻工程实践，传统教学方式仍占据教学主导地位。尤其像《平法识图与钢筋计算》课程，结构施工图的识读是本课程的重要教学内容，若师资队伍中具有一定数量有工程经验的工程师、高级工程师这类"双师型"教师，学生的结构施工图识读方面的教学效果将大大提高。

9. 教学内容的拓展性不够

建筑科技发展日新月异，新材料、新工艺、新技术、新构件形式和结构体系层出不穷，教学中应及时吸收最新土木工程科技成果，不失时机地更新教学内容，提升课程内容的先进性，增强课堂教学的趣味性。近年来，我们通过补充讲义和讲座等多种形式，及时讲授诸如钢－混凝土组合柱（钢管混凝土柱、型钢混凝土柱、钢管混凝土叠合柱）、钢－混凝土组合板（压型钢板组合楼板、钢筋桁架楼板）、空心楼盖、建筑工业化及装配式建筑等新知识，使学生开阔了视野，提高了工程素养，保证了课程教学内容始终紧跟行业发展的步伐。鼓励教师将自己的科研成果引入教学，增加学生对不同结构体系或者构件类型的结构图纸识读知识的了解。

10. 课程思政与劳动教育元素与课程教学融入不够

针对于土建类专业课程，通常都会将"工匠精神"融入课程教学，但显得有些单一，如何挖掘更多、更丰富的思政元素，是课程思政与本课程教学结合的一大难点。另外，劳动教育通常被认为是《劳动教育》课程的教学任务，劳动教育元素与《平法识图与钢筋计算》课程进行融合，是本课程教学的另一难题。

针对以上十个原因，本教学团队在《平法识图与钢筋计算》课程的教学过程中不断摸索前行，在深圳信息职业技术学院和云南经济管理学院的智能建造技术、工程管理、工程造价等专业进行实践，对课程标准、信息化技术在课程教学中的应用、课程资源建设、课程思政与劳动教育与课程融合、以赛促学与以赛促教等方面的有关措施和成果进行系统总结，同时给出了课程说课案例、信息化教学设计案例、课程思政的教学实施案例、课程思政试题样题、钢筋绑扎实训方案和指导技能大赛相关经验体会等，以期为在高职院校讲授建筑工程识图相关教师同行提供参考，便是作者撰写本书的初衷。

1.3 相关研究现状

从平法图集发明以来，高职土建类相关专业开始讨论设置开设平法识图课程的必要性（王甘林和罗俊，2009），并逐渐开设了平法识图相关课程。近十年来，高职土建类专业的平法识图课程任课教师对课程设计、课程建设、信息化技术的应用以及课程思政元素的融入等方面进行了丰富的研究与教学实践，发表了大量的教学研究论文。

基于知网 CNKI 数据进行统计，分别以"平法识图""结构识图"和"施工图识读"为篇名进行模糊查询，截至本书完稿时，分别发表了 133 篇、102 篇和 82 篇相关教学研究论文，发表时间跨度为 2007～2023 年。图 1-1 给出了分别以"平法识图""结构识图"和"施工图识读"为篇名进行模糊查询获得的 2007 年至 2023 年间的教学研究论文数量的对比，从图 1-1 可见，从 2013 年起，总体论文数量增加迅速，从侧面也反映了近十年，高职院校在教育教学相关研究的支持力度越来越大。

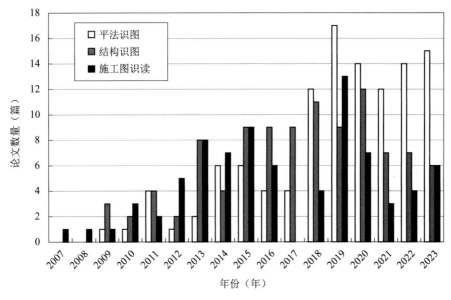

图 1-1 2007～2023 年建筑结构施工图识图相关教学研究论文数量

为了全面把握平法识图课程相关的研究动态，仍以"平法识图""结构识图"和"施工图识读"为篇名进行模糊查询获得的近些年的教学研究论文数据为依据，基于知网 CNKI 平台，对主题词、关键词、作者分布和研究机构做了进一步的统计分析。

图 1-2 所示为建筑结构施工图识图相关教学研究论文的主题词分布统计，可见已发表的这些教学研究论文的主题词主要为结构施工图、平法施工图、钢筋构造、教学方法和识图能力。

图 1-3 所示为建筑结构施工图识图相关教学研究论文的关键词分布统计，图中所示为出现频次在十次以上的关键词分布，可见已发表的这些教学研究论文的关键词主要为平法（平法识图）、教学效果、教学改革、教

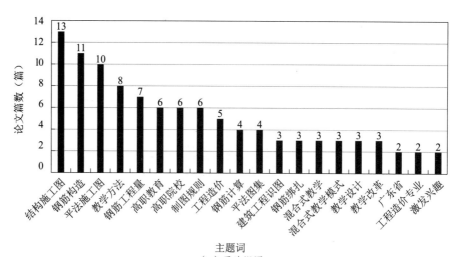

(a)平法识图

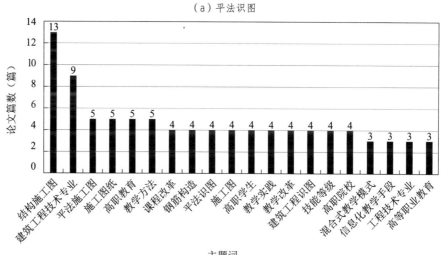

(b)结构识图

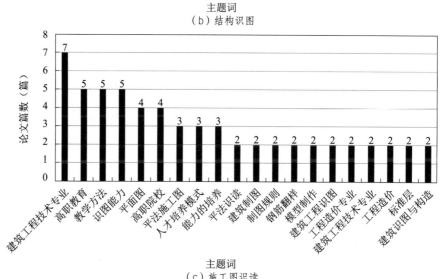

(c)施工图识读

图1-2 教学研究论文的主题词分布统计

(a)平法识图

(b)结构识图

(c)施工图识读

图1-3 教学研究论文的关键词分布统计

学方法和识图能力,统计分析结果也表明了相关教师在本课程相关教学研究中十分关注在识图教学的教学具体实施过程和学生识图能力的提高。对相关文献的关键词进行深入分析,发现近五年来,信息化教学、混合式教学、课程思政和 1+X 证书等关键词出现的频次逐年增加。

图 1-4 所示为建筑结构施工图识图相关教学研究论文的作者分布统计，图 1-5 所示为建筑结构施工图识图相关教学研究论文的研究机构分布

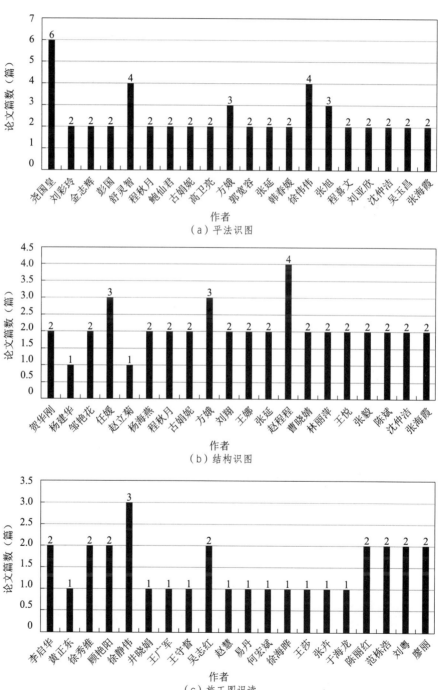

图 1-4 教学研究论文的作者分布统计

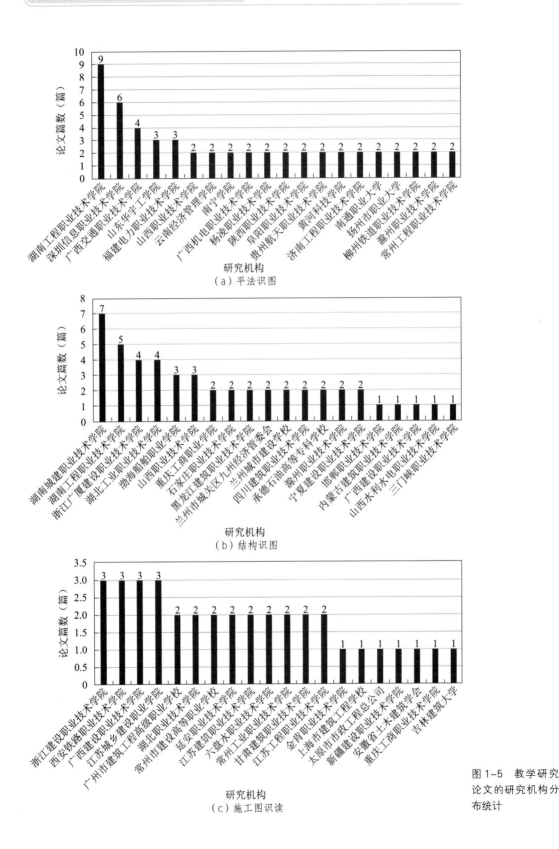

图1-5 教学研究论文的研究机构分布统计

统计，从图 1-4 和图 1-5 的统计结果可以总体了解国内高职院校关于建筑结构施工图识图课程的教学研究概况，需要指出的是，图 1-4 和图 1-5 的统计分析仅依据 CNKI 期刊网收录的数据，其目的仅在于帮助读者总体上把握相关研究概况。

如上所述，相关的研究论文数量较多，以下对 2013 年以来的相关研究论文内容进行简要介绍如下。

金燕和李剑慧（2013）以《混凝土结构识图与应用》课程为例，紧抓"用什么作为学业成果进行学生的学业评价"这个核心问题，用钢筋排布图作为学业成果，来考核与评价学生的识图能力，取得了较好的效果。

庞毅玲和代端明（2013）将任务驱动法应用于《混凝土结构平法施工图识读》课程教学，以实际工程案例应用任务驱动学生学习，可以避免学生因学习图集而感到枯燥，提高学生的学习积极性和主动性，提高学生学习效率和效果，提高学生动手能力。

张希文等（2014）将 3DMax 三维动画和平面效果制作软件引入《平法识图》课堂教学，通过介绍钢筋排布构造模型的制作方法，把构件的 3D 图和内部构造等直观地展现给学生，从而达到了教师方便描述、学生理解到位、钢筋计算思路明确的良好教学效果。

郭容宽（2014）对《平法识图与钢筋算量》课程教学方法进行了探讨，提出了利用多媒体资源、造价软件三维显示以及整套施工图纸识读等创新性教学方法，有利于加强学生的识图能力，可为后续的钢筋工程量计算打下扎实的基础。

张海霞等（2014）以广东省城市建设技师学院《混凝土结构平法识图》课程为例，简述了行动导向教学法的实施过程和实施效果。"行动导向教学法"是以工作任务为主导方向的职业教学模式，要求教师不再按照传统的学科式课程体系来讲授教学内容，而是按照岗位工作过程来确定学习领域，设置学习情境，组织教学。这种方法强调以"学生"为中心，教学内容根据岗位工作过程的典型工作任务来确定，通过小组的形式完成一个工作任务，培养学生职业能力和关键能力。

俞锡钢（2015）在混凝土结构识图教学中，构建"项目构件化、绘图白板化、建模个性化、考核过程化"的四化教学模式，让每个学生既要独立思考，又要动手训练，激发了学生学习兴趣，培养了学生的自主学习能力，提高了课堂教学成效。

杨帆等（2015）介绍了在建筑结构识图的理论教学时从初步了解、全面学习、初步练习和熟练掌握四个方面提高课堂教学效果，并改变以往以考试试卷来评价学生的考核方式为过程性的考试，取得了较好的教学效果。

蓝燕舞（2015）介绍了先运用虚拟仿真软件教学，再进行平法识图抄绘实训，然后进行混凝土配筋构件模型制作，最后进行钢筋工综合实训，这种"四步法"应用于《钢筋混凝土平法识图》课程教学，有利于提升学生的岗位技能和综合职业能力。

王庆华和佘步银（2015）以《平法识图与钢筋算量》课程为依托，以钢筋翻样岗位为目标，就如何培养技能型人才进行了教学探索。文章重点阐述了课程教学模块和教学单元的设置，对教材、软件及实训基地等课程相关的教学资源建设提出了见解，并就识图与算量的关系、平法与力学结构的关系以及技能大赛对教学的促进作用等问题，进行了思考。

冯超（2015）结合企业对毕业学生的识图要求和当前学生就业的岗位需求，分析了《平法识图与钢筋计算》这门课程在教学中存在的问题，并建议了教学实践中的教学方法，应充分利用现代化教学技术及软件，加强学生的实际动手操作。以工程图纸为主线开展教学，结合现场参观教学，以赛促教，以赛促学。

魏翔（2015）针对《混凝土结构平法施工图识读》课程，建议了"导—融—授—解—评"理论实践一体化的教学模式，其具体教学实施过程如下："导"即导出任务，根据真实的工程项目施工过程导出学习任务；"融"即融入情境，根据混凝土结构工程施工顺序设计教学情境，并把导出的任务融入情境中进行教学；"授"即传授知识，根据教学单元相关内容并结合多种教学手段，如多媒体教学法、案例教学法、现场教学法等方法来传授相应知识；"解"即解决问题完成任务，根据所学知识完成教学情境中的相应任务；"评"即答复评价，编制任务答复，小组进行互评，教师进行打分。通过以上教学模式的采用，取得了较好的教学效果。

章春娣（2016）从高职建筑工程技术专业人才培养方案中的岗位工作能力出发，以提高建筑工程技术专业学生的结构识图能力为主线，明确了

《平法识图》课程教学目标，分析了课程设计思路，提炼了教学内容，探讨了"理论—实操—再理论—再实操"的教学方法，强调在教学过程中教师应有责任心，并不断提高自己的专业能力。

苏仁权等（2016）通过对高职建筑工程技术专业教学过程中存在问题进行分析，阐述了单独开设《混凝土结构平法施工图识读》课程的必要性，并介绍了课程目标、教材建设、教学内容安排、教学方法与手段、考核方式等课程建设方面的经验。

赵盈盈和涂中强（2016）深入分析了BIM技术及项目化教学对建筑类课程教学的影响，并以《建筑工程施工图识读》课程为例，探讨了将BIM技术应用在建筑类课程的项目化改革运行模式。

梅清等（2017）以建筑工程技术专业核心课程《建筑平法结构识图》中的《梁平法识读》教学单元为例，使用信息化教学手段进行教学设计，通过"做中学、做中教"解决教学难点、突破教学重点，从多方面解决学生随机性、重复性、移动式学习的需求，提高了课堂教学效果。梅清等（2017）使用的信息化教学手段有"互联网+"教材、蓝墨云班课、探索者TSSD软件、考试酷网络平台、自主开发软件（梁平法集中标注解释小软件）、SketchUp草图大师软件、信息化教学资源（课件、微课、施工现场录像）、专业网站和论坛等。

徐涛等（2017）将BIM技术应用于建筑结构识图课程教学，能够提高学生的识图兴趣，提高学生的空间想象能力，使学生更准确、全面地获取建筑施工图和结构施工图的详细信息，使学生更深刻、全面地认识建筑构件、结构节点的原理和施工工艺，可为之后专业课程的深入学习打下坚实的基础。

韩文娟等（2017）基于高职学生特点，结合《建筑结构与结构识图》这门专业基础课，探讨开放教育资源库的建设思路。建议在建设开放教育资源库的过程中，应采用校企合作，课内外结合，教和学结合，力求建立全方位、立体化的教育资源库，应包括素材级资源、课程级资源和专业级资源。

邢彤（2017）介绍了BIM技术及其辅助教学的优势，通过案例分析，可以看出，将BIM技术应用于《混凝土结构平法识图》课程能够有效提高教学效率，激发学生自主学习兴趣，培养学生空间想象能力，同时对平法施工图传递的信息理解更加准确、全面。

黄秉章（2017）建议在 CAD 课程中增加设计图集、设计规范相关内容，而在平法识图课程中融入必要的 CAD 课程内容，使两门课的教学过程中相互渗透，实现从 CAD 到平法识图、画图的无缝连接，达到更好的实战演练效果，突出强调培养学生的实践能力，可有效提高学生的工程应用能力。

苏泽斌（2018）指出建筑行业的发展与建筑人才的培养息息相关，尤其是对于高职类建筑工程技术专业的学生来说，必须要掌握识图的能力，而教师在教授过程中也应当将识图能力作为教学的重点内容，从而帮助学生更好地获得提升。苏泽斌（2018）提出了"一线二步三段"的高职建筑工程技术专业结构识图技能培养方法。

崔琳琳（2018）以《建筑结构识图实训》专业实践课程为研究对象，引入 BIM 技术进行教学。充分利用云班课网络教学平台，通过图片、视频、动画等多元化手段进行学习资源推送，采用预习测试、答疑讨论、成果展示等多种方式进行教学辅助，通过云班课后台数据统计功能，对学生学习过程进行管理，使教学更有针对性。应用信息化技术，提高课堂互动，活跃课堂气氛，使学习变得乐趣化，大幅提升了学习效果。

许飞等（2018）基于《平法识图》课程的教学现状，采用建立微信公众平台、引入 BIM 三维显示技术等教学手段改革，采用开发云教材、重构教学内容、持续开展课程资源库建设等教学内容改革，创建新型教学模式，实践"互联网+教育"理念，充分调动学生学习的自主性和积极性，提高学习效率，提高了学生识读结构施工图的核心能力。

韩春媛（2018）介绍了微信公众平台的建设对《平法识图与钢筋算量》课程的教学有着十分积极的意义，是高职教育改革的有力举措，极大地推进了高职教育的发展。但在微信公众平台建设工作中面临许多的隐患和问题，需要在今后不断加强技术和管理上的研究和创新，致力于更好地为高职教育教学工作提供服务。

方伟国（2018）介绍了将 BIM 技术应用于《平法识图及钢筋计算》课程教学方面的运用，使相关专业教学工作开展综合水平得以有效提升，为学生基础性知识学习作了全面铺垫。

张延和程秋月（2018）以滁州职业技术学院的《建筑结构基础与平法识图》课程教学实践为基础，对该课程进行一系列的改革与探索，从教学体系、教学方法和手段、教学评价等多个方面进行改革，打破传统的知识体系，提高了学生学习的积极性。

陈丽红和刘粤（2019）结合市级精品课程《建筑结构施工图识图》的建设和进行相关的教学效果对比研究，研究结果表明，在结构识图课程中，融合信息技术教学的方式对学生的学习成绩、学习状态以及掌握效果都有了很明显的改善和提高。学生上课发呆、睡觉、玩手机的现象明显减少，课堂上积极思考踊跃发言的学生增加了，有效推动了班级"乐学、爱学、会学"的良好学习氛围的形成。

黄美玲等（2019）针对当前《平法识图与计算》课程教学中存在的问题，在教学方法、考核评价方式等方面提出了一些教学改革思路，提升了教学效果。

于颖颖（2019）针对现有《平法识图与钢筋计算》课程考核形式的不足，提出了新的考核方案，其考核设计思路为：以实际工程图纸为载体，以识图软件和绘图软件为考核手段，过程考核和期末集中考核相结合，软件评价和师生集体评价相结合，形成贯穿课程全过程的考核方式。

王鹏等（2019）基于平法识图课程的教学现状，提出了三种实践教学方法：毕业设计结合课堂教学、平法结合动态模型和制作钢筋骨架微缩模型，将三种教学方法应用于平法识图课程的实践教学，并分析了三种方法的优缺点。

祖雅甜（2019）根据现阶段高职院校《平法识图与钢筋翻样》课程所存在的问题展开，从教学环境客观因素、教师和学生在教学过程中的主观原因进行分析，提出将"微模型"引入课堂改革理念，针对教学内容、教学方法与手段、教学资源等环节提出课程改革建议，提高了课程教学质量效果。

杨万庆和王利永（2019）针对土木工程类教材存在严重的同质化现象和传统教材表现力呆板、资源形式单一等问题，介绍了由武汉理工大学出版社土木事业部、武汉城市职业学院、中南建筑设计院股份有限公司 BIM

设计研究所、武汉比城比特数字科技有限公司四家分工明确的单位共同完成的《钢筋混凝土结构平法识图与钢筋算量》一书，改变了以往教材单一作者完成的局面，充分体现了产学研的协同创新发展理念。该书融入"互联网+"思维，将纸质教材与数字资源有机结合，力图用 AR 技术打造立体化教材。在教材推广和投入使用后，编写组对使用本教材的三十多所高校近 3000 名学生进行了教材使用反馈调查，从立体化教材的认可度，教材设计、内容与结构，立体化资源的丰富程度，资源使用的便捷性，辅助其他课程的有效性，立体资源在学习过程中的利用情况和立体化教材价格满意度等七个方面收集学生的反馈信息。调查结果表明，该教材得到了较高的认可度。

舒灵智（2019）将钢筋骨架微缩模型引入《平法识图与钢筋算量》课程，使混凝土结构构件的配筋更加具有直观的立体表达。通过这一实训化教学环节，提升了学生对课程的学习兴趣，提高了学生分析和解决实践问题的能力，同时也增强了学生的团队合作意识，增进了师生间的感情。

SPOC 教学克服了 MOOC 的众多缺点，但如何设计好教学流程是教学成功的关键。尤其是对于职业院校，多样化生源导致学生层次差别较大，对不同层次的学生开展有针对性的教学，能有效提升教学效果。魏炜等（2019）结合 SPOC 的基本教学流程，设计了精准化教学模式，并在广西交通职业技术学院建筑工程系造价 2017 级 4 班进行了教学实践，取得了很好的教学效果。

龚洁（2019）对信息化技术在《平法识图与钢筋算量》教学中的应用做了有力的探索，将 AR 技术、互联网技术和移动终端技术与教学过程有效融合，形成了信息化教学新模式。文章建议将通过深入研究对其教学价值作进一步挖掘，将信息化教学手段以更智能、更简单的方式无缝地融入教学中。

李小娟等（2019）运用斯维尔算量软件建立三维仿真模型来学习《平法识图》课程，在"理论→三维模拟实际→理论"的循环中，通过对图纸的识读、工程三维结构体系的构建、钢筋长度及根数的计算。学生解决了课程中很多模糊不清的知识难点问题，教师通过软件的操作与演示、较容易地将教材、图集上抽象的文字和构造图转化为形象立体的显示，学生对这种学习方法更乐于接受，提高了学习的积极性。

王群力（2019）将"任务驱动"教学模式应用于《平法识图与钢筋算量》的课程教学，结果表明，教学效果明显得到了改善，学生学习兴趣和主动性提高了，查阅资料和思考能力提高了，团队协作能力也加强了。

耿爽（2020）在建筑结构图识别教学中运用 BIM 技术，将建筑结构识图课程的抽象概念转化为更加形象的内容，可帮助学生理解教学内容。建议结构识图课程教学活动中教师必须结合课程的难点、重点，利用 BIM 技术创设教学情境，有利于增强学生绘图与识图能力。

鲍仙君（2020）基于建筑工程识图职业技能等级和建筑信息模型 (BIM) 职业技能等级 1+X 证书教学模式，以及省市上级教育部门推进的课程改革项目要求，结合本校师生的具体情况，对《平法识图与钢筋算量》课程进行研究，提出了从课程内容到教学模式、教学评价各方面的改革方面的建议。

邱玲玲和陈丹（2020）基于建筑信息模型 (BIM) 职业技能等级 1+X 证书制度，对如何将证书教育有效地融入《平法识图与钢筋算量》课程教学进行了介绍，建议调整教学模式，重视软件操作教学，采用线上线下混合教学模式解决软件操作课时不够的问题。学生在课前预习相应的理论知识，并完成预习测验。课上教师根据学生的预习测验情况有针对性地进行理论讲解，然后带领学生进行 GTJ2018 计量软件的实操，增加学生课堂上实训软件操作的机会，从而深化学生对该课程理论知识的理解。

张鹏歌等（2020）介绍了 3DMax 软件和钢筋微缩骨架模型在《平法识图》课程教学中的应用，增强了学生对学习平法这门课程的兴趣。

卜伟等（2020）介绍了在《平法识图与钢筋算量》课程教学中引入 SketchUp 软件，运用其简单实用的建模功能实现钢筋虚拟三维模型建立，通过立体可视化的模型能够直观清晰地展示出结构构件中的钢筋详细构造信息。同时，学生通过自主建模练习，能够很好地弥补实际工程经验缺乏现状，对各类钢筋之间的位置关系有更深入的理解，能够提高学生识图能力和计算的准确性。

张延和程秋月（2020）建议按照《建筑结构基础与平法识图》新课程改革的标准，有针对性地提升学生的创新思维和能力。根据学生的性格和年龄选择适合的教学方法，改变传统的教育教学观念，提高学生的素养，在课堂上多与学生沟通，建立和谐的师生关系，让学生在轻松的氛围中学习，给予学生充足的想象空间，利用多种教学方式拓展学生的思维，提高学生的创新能力。教师要坚持课堂教学为主导，慕课教学为补充的做法，合理利用优质教学资源，加强分组学习实践，提升教学水平。

徐静伟（2020）以《施工图识读》课程为例，探索"教·训·赛"三位一体教学新模式，以赛推变、以赛带训、以赛促建，对施工图识读课程教学改革与创新起到了很好的推动作用，通过组织校赛、参加省级、国家级建筑工程识图比赛，实现教学与比赛、教师与学生互促共进，在技能大赛中取得了新的突破，实现教师专业水平与学生实践技能双提升，从而达到"以赛助改、以赛强技"的目的。

周艳和张志（2020）以广东建设职业技术学院土建类专业人才培养为例，通过优化教学内容、激发学习动力、强化识图训练、提升竞赛成绩，构建了"教、学、训、赛"四位一体施工图识读培养路径。经过实践，该模式取得了明显的教学效果，学生的施工图识读能力显著得到提升。

张甜甜（2021）以《混凝土结构识图》课程为例，介绍了课程思政教学改革思路与混凝土结构识图课程思政实施方案，并列举了教学内容与课程思政元素融入点，探索出一条将专业教育与思政教育相结合的实践路径。

李科等（2021）结合"1+X"建筑工程识图技能等级证书标准和建筑工程技术专业人才培养模式改革要求，以《建筑结构基础与平法识图》课程为例，构建线上＋线下、校内＋校外混合式教学模式。在课程教学中依据建筑工程识图中级证书标准和建筑工程技术专业核心岗位新需求，修订课程标准，重构课程内容模块，引入企业实际工程项目，校企共建课程线上资源，探索了"1+识图主导、内外混合教学"的课程建设模式。

李萌（2021）结合《平法识图与钢筋翻样》课程，建议教师应从积极探索实训教学的组织形式、给予学生软件操作机会、拓展力学与结构知识、发挥技能大赛促进作用这四方面入手，提高课程的教学效果。

吴玉昌（2021）基于目前平法识图与钢筋算量课程在教学中存在的问题，以图纸＋校本教材＋国家建筑标准设计图集为教学内容，采用信息化＋任务驱动的教学方法，课程实训贯穿教学全过程，以赛促学为手段，取得了较好的教学效果。

王海强（2021）进行了信息化技术背景下《平法识图》课程教学模式的实践和探索，建议挖掘信息化资源，打破单一的文字、PPT教学资源，使用视频、动画、QQ连线、BIM信息化模型等方式突破时间空间对学生视角的限制，丰富的信息化资源有利于解决课程内容看不见、摸不着、进不去的难点，增强学生对知识的感性认知。

王小华等（2021）将广联达土建计量平台和钢筋平法与计算仿真实训软件两种软件引入《平法识图》课程，借助BIM技术改革传统教学模式，将以往抽象、枯燥的学习模式转变借助计算机展示、生动立体为主的学习模式，教学变得更高效，学生的学习效果得到显著提升。

李丽（2021）采用国家标准图集+智慧云课堂+一套完整的工程项目图纸+模型制作的"四维一体"的教学模式进行《建筑结构施工图识读》课程的授课，在传统的授课模式下加入真实项目，让学生在学中做、做中学，能有效调动学生的学习兴趣、自主学习能力，同时提高学生的动手能力和团队协作能力，最终使学生的综合素质得到显著提升。

舒灵智（2022）介绍了湖南工程职业技术学院《平法识图与钢筋算量》课程教学团队在不断加强改进高校思想政治工作和实践"三全育人"的过程中，以"'筋'宜求精，铸就匠心"为课程思政育人主线，进行课程思政教学特色设计，将"思政育人"贯穿于课程教学的各个环节，实现了思政元素与专业知识、专业技能的无缝结合，达到了课程"思政育人"的效果。

戴海霞（2022）介绍了"一图贯通，螺旋递进"教学模式下课堂教学实践案例，即：课程体系授课教师间通过"一图"将知识点相互串通，有机联系，"贯通"工程造价专业课程体系，课程针对学生掌握的情况及时调整教学方法与深度，激发学生探究课程内容的积极性，实现以学生为主体，学生技能螺旋递进，不断提升，即螺旋递进。文章以《钢筋平法识图与算量》专业基础核心课程为例，进行"一图贯通"教学实践，能够实现学生为主体，实现课程间贯通体系，实现了学生专业技能的"螺旋递进"。

张熔和吴玉昌（2022）阐述了在《平法识图与钢筋算量》教学过程中如何将思想政治元素有机地融入课堂，使学生在掌握技能的同时，思想道德修养也能得到提升，并对此次课程思政的实践作出探讨。

陈莉粉（2022）从《平法识图与钢筋算量》课程内容特点出发，剖析了当前课程思政的实施困境，将思政元素与课程内容有机融合，通过开发活页式综合教材、挖掘思政元素、寻找课程融入点，实现全过程课程思政。

郭春红（2022）分析了《平法识图与钢筋计算》课程的特点和该课程教学中存在的问题，在教学实践过程中通过摸索，总结出了三步教学法（"讲"－"引"－"测"）、课外三部曲（课前预习、课后作业和课后答疑）、BIM技术应用等几种行之有效的教学方法。

王莎（2022）结合《混凝土结构施工图识读》课程思政目标，构建课程思政教学体系，探究课程思政理念下三教改革的路径。通过线上线下两条线，贯穿课前、课中、课后三个阶段，设计"预→导→辨→知→练→评→悟"七个教学环节，将企业真实任务、建筑工程识图职业技能竞赛标准、"1+X"建筑工程识图职业技能等级标准要求的知识和能力、思政要素融入教学活动中，实现从线下到线上、从课堂到课外、从校内到校外的全方位育人。

徐静伟等（2022）以《施工图识读》为例，探索课程思政教学的实践路径，通过目标融入、内容融入、方法融入、评价融入四种融入途径，梳理课程思政育人目标，深入挖掘课程蕴含的思政元素，创新教学方法和载体途径，开展课程思政评价方式探索性实践，从而推进课程思政教育与专业课教育互融共进，取得较好的实施效果。

朱新圆（2022）以《结构施工图识读》课程为例，在课程的课程改革过程中采用教学—实训—建模的递进过程，在整体的教学过程中，将现行的平法图集中相应的识图规则与各类构件的标准构造融入每节课程，并根据课程的进度大量融入实际工程图纸的案例，通过"三递进、两融合"的教学模式能够使学生的建筑工程识图的能力达到取得职业技能证书与参加职业技能大赛的标准，大大提升了教学效果。

陈勇燕（2022）以建筑工程技术专业《结构平法识图》课程改革为例，针对目前高职院校试点专业"1+X"证书制度的实施情况，提出了课程体系与证书体系、课程模块与技能任务、课程学习评价标准与技能标准多元融合的"1+X"课证融通实施路径，将职业技能等级证书考核标准融入课堂教学。

方娥和宋国芳（2022）以《建筑结构基础与平法识图》课程为例，从核心素养培育视域角度对课程进行开发实践，将核心素养各要素融入课程目标，根据"教学做"工作过程一体化的设计思路重构学习情景，设置"1+X"技能训练项目，并探索出"感、攒、练、验"四步核心素养教学模式，即课前导入感素养、课中训练攒素养、课后拓展练素养、期末考核验素养的教学模式，最后给出课程质量标准的建议。

蔡瑜和邓爽（2022）主要对BIM技术进行介绍，并简述BIM技术与《平法识图与钢筋计算》课程教学融合的重要性，针对当前教学现状，制定了基于BIM技术的课程教学方法。

李班等（2022）探索信息技术和课程思政融合下的《平法识图与钢筋算量》教学设计，从教学内容中挖掘思政元素和哲学思想，在教学案例中渗透正确的价值观，使学生在掌握专业技能的同时，思想道德素养也能得到提升，从而达到专业课程融进思想政治的育人效果。

谭毅等（2022）以平法识图知识点的教学改革为着眼点，把基于2D图集的纸质教材转换成形象生动、具备交互属性的3D立体模型，以进行学科间的交叉融合，并着手AR技术的可视化教学资源制作，不断丰富AR的交互模型库素材，最终实现基于AR的教学平台构建。通过实践反馈，基于该平台开展课堂教学，创造了一种"以学生为中心"的交互式学习新体验，形成了一种以教师为主导、学生为主体的授课模式，极大地调动了学生的学习热情。

蒋业浩和姜艳艳（2023）基于建筑工程识图职业技能等级证书制度，从优化课程体系及内容、打造高素质"双师型"教学团队、合理运用以学生为中心的教学方法、丰富课程教学资源和平台、探索科学合理的考核评价方法等方面，探索《平法识图》课证赛融合路径。

高卫亮等（2023）将BIM+VR技术、BIM+AR&MR技术、BIM+全息投影技术引入《钢筋平法识图与算量》课程教学之中。它不仅可将教学过程中复杂的构件节点，通过三维模型生动、形象地向学生展示，对激发学生学习兴趣、增加空间想象力都有很大帮助，使学生学习起来更加轻松，从而提高课堂的效率。

杨友文（2023）将Revit软件引入《平法识图与钢筋翻样》实训课的

教学中，应用Revit软件进行钢筋的虚拟仿真建模，提升了学生的学习兴趣，取得了较好的教学效果。

以上仅对近十年结构识图相关课程教学研究的论文进行了简要介绍，表1-1对文献搜集到的相关院校开设结构识图课程的课程名称进行了统计，从表1-1可见，相关的课程名称共22种，主要集中在《平法识图与钢筋计算》和《平法识图与钢筋算量》，课程名称的关键词主要集中在平法、识图、钢筋、算量、识读、翻样等，虽然课程名称文字差别不大，但还是显得过于多样化。

表1-1 结构识图相关课程的课程名称一览表

序号	课程名称	开设院校
1	平法识图与钢筋计算	深圳信息职业技术学院、长江工程职业技术学院、铜陵职业技术学院、福州外语外贸学院、济南工程职业技术学院、浙江安防职业技术学院、海南工商职业学院
2	施工图识读与翻样	浙江建设职业技术学院
3	混凝土结构识图与应用	烟台职业学院
4	混凝土结构平法施工图识读	广西建设职业技术学院、广西经济管理干部学院、陕西铁路工程职业技术学院
5	平法识图	北京经济管理职业学院、常州工程职业技术学院、扬州职业大学、黄河科技学院、黄河科技学院、河南经贸职业学院、武汉工程职业技术学院
6	平法识图与钢筋算量	广西机电职业技术学院、南通职业大学、山西职业技术学院、湖南工程职业技术学院、重庆大学城市科技学院、福建信息职业技术学院、阜阳职业技术学院、广州番禺职业技术学院、杨凌职业技术学院、贵州航天职业技术学院、陕西职业技术学院、黄冈职业技术学院、黄河交通学院
7	混凝土结构平法识图	广东省城市建设技师学院、吉林工程职业学院
8	建筑力学与结构	浙江广厦建设职业技术学院
9	钢筋混凝土平法识图	广西城市建设学校
10	建筑工程施工图识读	江苏建筑职业技术学院
11	建筑平法结构识图	武汉城市职业学院

续表

序号	课程名称	开设院校
12	建筑结构与结构识图	江海职业技术学院
13	建筑结构识图	湖北工业职业技术学院、陕西职业技术学院
14	建筑结构基础与平法识图	滁州职业技术学院、湖南工程职业技术学院
15	建筑结构施工图识图	广州市建筑工程职业学校、宁夏建设职业技术学院
16	平法识图与计算	南宁学院
17	平法识图与钢筋翻样	柳州铁道职业技术学院
18	施工图识读	西安铁路职业技术学院
19	混凝土结构识图	山东华宇工学院
20	钢筋平法识图与算量	江苏商贸职业学院
21	混凝土结构施工图识读	襄阳职业技术学院
22	结构施工图识读	新疆建设职业技术学院

以上这些课程讲授的内容大多相似,但侧重点各有不同。因此,笔者建议,如果课程侧重结构识图部分,建议用《平法识图》或者《结构施工图识读》作为课程名称,如果侧重点为结构识图和钢筋算量,建议用《平法识图与钢筋计算》或者《平法识图与钢筋算量》作为课程名称,如果侧重点为结构识图和钢筋下料,建议用《平法识图与钢筋翻样》作为课程名称。

1.4 本书主要内容

本书以高职土建类《平法识图与钢筋计算》课程为例,对高职建筑工程识图课程的教学进行了相关研究与实践,本书共分六章,主要包括以下内容:

(1)第一章为绪论部分。从分析工程识图能力的重要性入手,说明本书的研究目的,并对相关研究现状进行了综述和分析。

(2)第二章为课程教学标准。以《平法识图与钢筋计算》课程为例,介绍了该课程的课程性质与定位、课程教学内容、课程组织与教学计划、课程教学方法、课程教学效果评价以及课程说课案例。

（3）第三章介绍了信息化技术在课程教学中的应用，包括各类软件、教学平台（智慧职教和学银在线）、课程微信公众平台在课程教学中的应用以及给出了信息化教学设计案例。

（4）第四章介绍了课程资源建设。介绍了课程资源建设思路、教材建设、钢筋三维数字模型建设、动画与视频资源开发、工程案例资源建设等具体措施。

（5）第五章为课程思政与劳动教育。介绍了课程思政教学设计、课程思政的教学实施案例、课程思政试题样题、劳动教育元素融入课程教学设计以及钢筋绑扎实训方案。

（6）第六章为以赛促学与以赛促教。介绍了教学团队在指导高职技能大赛建筑工程识图赛项和结构设计信息技术大赛时的一些经验体会以及对建筑工程识图教学的启示。

第二章 课程教学标准

课程教学标准是明确课程在专业中的性质、地位、目标、内容框架、评价方法,提出教学建议和评价要求的规范性文件,是组织教学、选择教材、教学效果评价的基本依据,是加强课程建设、实现人才培养目标的重要保证。

本章以《平法识图与钢筋计算》课程为例,介绍该课程性质与定位、课程教学内容、课程组织与教学计划和课程教学方法,并给出了本课程的说课案例。

2.1 课程性质与定位

《平法识图与钢筋计算》是高职土建类专业的一门重要专业技能课程。高职土建类专业学生的主要就业岗位是施工员、监理员、BIM建模员、设计助理和造价员等,对结构施工图的识读有着非常重要的要求。建筑工程土建项目从工程准备到竣工验收的全过程均需要平法施工图的识读,平法结构施工图的识读贯穿于建筑工程土建施工的全过程,掌握混凝土结构平法施工图识读是高职土建类专业从事职业工作必备的基本素质和能力。

通过本课程的学习，学生应能学会利用平法图集读懂结构施工图，掌握钢筋算量的总体思路和基本方法，具有一定的自主学习能力。了解钢筋的基本知识，掌握独立基础，条形基础，筏板基础，桩基础，钢筋混凝土梁、柱、板、剪力墙，楼梯等结构构件的平法识图和常见钢筋构造，熟练掌握钢筋算量的基本技能，为今后的工作打下坚实基础。

《平法识图与钢筋计算》具有理论性强、实践性强、综合性强等特点，对学生的前修课程《建筑材料》《建筑力学与结构》《建筑制图》《建筑施工技术》《地基与基础》等基础课程要求较高，与后续课程《建筑工程计量与计价》《工程招投标与合同管理》《BIM技术综合应用》有着重要的联系，因此对培养学生的专业能力、动手能力、分析能力、合作能力、沟通能力等素质都有良好的促进作用。

2.2 课程教学内容

本课程的教学内容见表2-1。

表2-1 课程教学内容

序号	课程内容	知识目标	技能目标
1	平法的基本知识	1.了解平法的基本概念和平法的发展历程； 2.掌握混凝土结构的环境类别； 3.掌握混凝土保护层厚度的有关要求； 4.了解按钢筋的作用对钢筋进行分类； 5.掌握钢筋锚固长度和钢筋连接的要求； 6.熟悉各种构件纵向受拉钢筋的间距要求； 7.熟悉结构施工图的识读方法和步骤	1.运用平法基本概念，理解平法表达和传统表达方式的异同； 2.能够准确地确定混凝土保护层厚度取值； 3.能够准确地确定和计算钢筋锚固长度和连接长度取值； 4.能够准确地应用钢的通用构造知识； 5.能够掌握识读整套建筑结构施工图的方法和步骤

续表

序号	课程内容	知识目标	技能目标
2	混凝土结构施工图设计总说明识读	1. 掌握混凝土结构施工图设计总说明的内容组成； 2. 掌握混凝土结构施工图设计总说明的识读方法	1. 能正确识读混凝土结构施工图的设计说明； 2. 能根据设计总说明，查找相关工程信息
3	柱钢筋平法识图和钢筋算量	1. 柱的受力特点； 2. 柱的分类； 3. 柱钢筋平法制图规则； 4. 柱钢筋在基础内的插筋构造； 5. 柱钢筋的纵向钢筋构造； 6. 柱的箍筋构造； 7. 柱变截面和变钢筋的构造； 8. 柱顶节点钢筋构造	1. 掌握柱构件的平法表达方式； 2. 掌握柱平法施工图识读方法； 3. 理解柱构件的钢筋构造要求； 4. 掌握柱构件钢筋算量的计算方法
4	梁钢筋平法识图和钢筋算量	1. 梁的受力特点； 2. 梁的分类； 3. 梁平法制图规则； 4. 梁的纵向钢筋构造； 5. 梁的箍筋构造； 6. 梁的变截面和变钢筋的构造	1. 能运用梁平法制图规则熟读梁的平法施工图； 2. 在掌握梁钢筋构造的基础上，具有准确计算梁钢筋用量的能力
5	板钢筋平法识图和钢筋算量	1. 板的受力特点； 2. 板的分类； 3. 板平法制图规则； 4. 板的钢筋构造； 5. 板开洞钢筋的构造	1. 能运用板平法制图规则熟读板的平法施工图； 2. 在掌握板钢筋构造的基础上，具有准确计算板钢筋用量的能力
6	剪力墙钢筋平法识图和钢筋算量	1. 剪力墙的受力特点； 2. 剪力墙的组成； 3. 剪力墙平法制图规则； 4. 剪力墙墙身的钢筋构造； 5. 剪力墙墙柱的钢筋构造； 6. 剪力墙墙梁的钢筋构造	1. 能运用剪力墙平法制图规则熟读剪力墙的平法施工图； 2. 在掌握剪力墙钢筋构造的基础上，具有准确计算剪力墙钢筋用量的能力
7	楼梯钢筋平法识图和钢筋算量	1. 楼梯的基本构件； 2. 楼梯构件的传力模式； 3. 楼梯平法制图规则； 4. 楼梯钢筋构造	1. 能运用楼梯平法制图规则熟读楼梯的平法施工图； 2. 在掌握楼梯钢筋构造的基础上，具有准确计算楼梯钢筋用量的能力
8	独立基础钢筋平法识图和钢筋算量	1. 独立基础构件的传力模式； 2. 独立基础平法制图规则； 3. 独立基础钢筋构造	1. 能运用独立基础平法制图规则熟读独立基础的平法施工图； 2. 在掌握独立基础钢筋构造的基础上，具有准确计算独立基础钢筋用量的能力

续表

序号	课程内容	知识目标	技能目标
9	条形与筏板钢筋平法识图和钢筋算量	1. 条形与筏板基础构件的传力模式； 2. 条形与筏板基础平法制图规则； 3. 条形与筏板基础钢筋构造	1. 能运用条形与筏板基础平法制图规则熟读桩基础的平法施工图； 2. 在掌握条形与筏板基础钢筋构造的基础上，具有准确计算条形与筏板基础钢筋用量的能力
10	桩基础钢筋平法识图和钢筋算量	1. 桩基础构件的传力模式； 2. 桩基础平法制图规则； 3. 桩基础钢筋构造	1. 能运用桩基础平法制图规则熟读桩基础的平法施工图； 2. 在掌握桩基础钢筋构造的基础上，具有准确计算桩基础钢筋用量的能力

本课程的素质目标如下：

1）培养学生具有较强的人际沟通能力、创新能力和拓展能力，具有不断学习新知识新技术的能力和自主学习能力；

2）培养学生科学的学习方法、规范的操作技能、严肃的工作作风、实事求是的做事态度、团结互助的协作能力、勇于开拓的创新精神，提高他们的职业岗位能力和社会生存能力、解决实际问题的工作能力及职场上的可持续发展能力；

3）培养学生具备爱岗敬业、诚实守信、团结协作、乐于助人良好的思想品德和职业道德，将"工匠精神""家国情怀"等思政元素有机融入课程教学。

2.3 课程组织与教学计划

2.3.1 课程组织

（1）教学过程中，应立足于加强学生实际操作能力的培养。采用项目化教学，以工作任务引领教学，提高学生的学习兴趣，激发学生学习的内动力。

（2）本课程教学的关键是平法识图和钢筋算量。应以平法图集为基础，从结构设计理论和现行相关规范出发，讲解图集中各构造要求的内涵，让学生了解图集中钢筋构造背后的力学含义，便于学生理解。

（3）在教学过程中，要紧密结合职业技能资格证考试的要求，特别是建筑工程识图 1+X 证书考证，创造条件使学生掌握相关技能，提高学生的岗位适应能力。

（4）在教学过程中，要多运用动画、三维钢筋骨架模型、实训基地等教学资源，帮助学生掌握识图和钢筋算量的全过程。教学过程中，教学内容的安排要符合学生的认知规律，由浅入深，将难度较大的知识放在最后，章节安排要注意整本教材知识的连贯性。

2.3.2 教学计划

本课程的教学计划见表 2-2。

表 2-2 课程教学计划

序号	学习情境	学习性工作任务	学时	其中	
				讲授	实践
1	平法的基本知识	1. 平法的基本知识； 2. 结构施工图识读的基本步骤	4	2	2
2	混凝土结构施工图设计总说明识读	1. 混凝土结构施工图设计总说明的内容组成； 2. 混凝土结构施工图设计总说明的识读方法	4	2	2
3	柱钢筋平法识图和钢筋算量	1. 柱钢筋平法制图规则； 2. 柱钢筋标准构造	8	4	4
4	梁钢筋平法识图和钢筋算量	1. 梁钢筋平法制图规则； 2. 梁钢筋标准构造	8	4	4
5	板钢筋平法识图和钢筋算量	1. 板钢筋平法制图规则； 2. 板钢筋标准构造	4	2	2
6	剪力墙钢筋平法识图和钢筋算量	1. 剪力墙钢筋平法制图规则； 2. 剪力墙钢筋标准构造	8	4	4
7	楼梯钢筋平法识图和钢筋算量	1. 楼梯钢筋平法制图规则； 2. 楼梯钢筋标准构造	4	2	2

续表

序号	学习情境	学习性工作任务	学时	其中 讲授	其中 实践
8	独立基础钢筋平法识图和钢筋算量	1. 独立基础钢筋平法制图规则； 2. 独立基础钢筋标准构造	4	2	2
9	条形与筏板钢筋平法识图和钢筋算量	1. 条形与筏板基础钢筋平法制图规则； 2. 条形与筏板基础钢筋标准构造	8	4	4
10	桩基础钢筋平法识图和钢筋算量	1. 桩基础钢筋平法制图规则； 2. 桩基础钢筋标准构造	4	2	2
		课时总计	56	28	28

2.4 课程教学方法

采用以建筑标准设计图集 G101 系列图集中的基本规定为主，图纸、课件等多媒体手段为辅，以达到较好的教学效果；采用启发式和引导式教学法，让学生多接触实际工程图纸，对制图标准部分加以生动、形象的讲解，并积极引导学生进行发散性思维；采用课前预习、课堂提问、课后拓展等多种方式，活跃课堂气氛，提高学生学习的主动性和积极性，并以此提高学生对结构施工图平法图集知识的理解和应用能力。

工程图纸是工程的语言，是工程师交流的媒介，对从事土木工程工作的人员来说，无论从事设计、施工、监理还是造价等工作，首要任务是能看懂施工图纸。《平法识图与钢筋计算》课程具有理论性、综合性和实践性强的特点，这些普遍是高职学生的弱项。学生对于这门课程感到困难，甚至出现厌学情绪。作为教师，思考如何采用多样化的教学手段激发学生的学习兴趣，让处于被动学习状态的学生静下心来利用有限的课时学习这门既重要又有难度的课程是十分必要的。李启华（2008）指出施工图识读课程应在教师引导下，学生用自己的眼睛和头脑去发现工程图纸中的问题及其规律，使学生变被动学习为主动学习，充分发挥学生的主观能动性，提高学习兴趣和效率。作者在近十年的《平法识图与钢筋计算》课程教学中，尝试了综合应用以下八种教学方法，初见成效。

1. 平面图集和三维图集的配合使用

平法是把结构构件的尺寸和配筋等，按照平面整体表示方法制图规则，整体直接表达在各类构件的结构平面布置图上，再与标准构造详图相配合，即构成一套新型完整的结构设计。目前相关教材和相关图集基本都是平面的钢筋构造图形，但钢筋平法知识广博而繁杂，再加上高职学生的特点，造成了以下两点问题：①学生立体空间感不强，对图纸中以平面图表示的实体不容易想象；②学生认为标注数据之间联系性不强，不容易记忆，导致学生对本课程学习没有兴趣，厌学情绪比较严重。

在教学过程中，平法图集和三维平法图集（傅华夏，2021）相结合应用，平面平法讲规则，三维平法看构造，图 2-1 所示为平面平法和三维平法钢筋构造示例。三维平法图集让学生能看到空间的钢筋构造，可取得较好的教学效果。

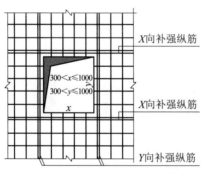
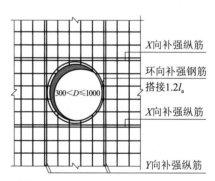

（a）平面平法钢筋构造

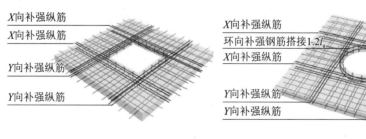

图 2-1 平面平法和三维平法钢筋构造示例

（b）三维平法钢筋构造

2. 施工图片、视频与教学相结合

课程教学中，给学生展示大量的典型钢筋混凝土构件（梁、板、柱、剪力墙、基础等）的施工图片，冲击学生的视觉，学生知道图集和实际施工图片的对应关系，学习效果较好。图 2-2 为典型钢筋混凝土构件施工图片库，目前教学团队收集到大量可用的工程图片。同时，在工地现场录制了钢筋混凝土梁、板、柱等典型钢筋混凝土构件的施工视频，建立了典型钢筋混凝土构件钢筋施工视频库，并配合典型钢筋混凝土构件中钢筋的施工动画（如图 2-3 所示）用于课程教学，目前教学团队建设并收集到与课程相关的动画近 100 个。将课堂教学与工程实际紧密结合，使得理论知识"学以致用"，切实感受到理论学习的实际意义，促进对教学效果的提高，激发了学生的学习兴趣。

钢筋混凝土板支模.jpg

钢筋混凝土梁板关系.jpg

钢筋混凝土梁梁节点.jpg

钢筋混凝土梁模板支撑.jpg

钢筋混凝土梁支模.jpg

钢筋混凝土楼板施工-马凳筋.jpg

钢筋混凝土楼面混凝土浇筑.jpg

钢筋混凝土楼梯梯板.jpg

钢筋混凝土悬挑梁.jpg

钢筋混凝土柱钢筋绑扎-1.jpg

钢筋混凝土柱钢筋绑扎-2.jpg

钢筋混凝土柱箍筋加密-1.jpg

钢筋混凝土柱箍筋加密-2.jpg

钢筋混凝土柱支模.jpg

钢筋混凝土柱纵向钢筋-机械连接.jpg

楼板钢筋绑扎-1.jpg

楼板钢筋绑扎-2.jpg

型钢构件焊接.jpg

组合柱+楼板+混凝土梁.jpg

组合柱中的混凝土芯柱钢筋笼.jpg

图 2-2　典型钢筋混凝土构件施工图片库

3. 识图教学与三维 BIM 软件仿真相结合

借助实训室的三维平法钢筋软件，通过对具体的梁、板、柱等配筋和截面参数进行模拟和演示，把一些抽象的知识、原理简明化、形象化，帮助学生加深对知识、图集的认识和理解。本课程涉及多种构件、节点的配筋和构造详图，如果依靠传统的平面示意图，加大了理解上的难度和复杂

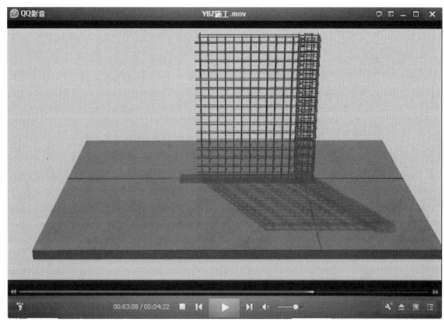

图 2-3 剪力墙钢筋施工动画

性,采用仿真软件的方式可以使学生快速达到对相关构件配筋形式的理解。

课程采用三维仿真软件,三维展现各类构件的配筋形式和节点构造,加深学习印象,激发学生的学习兴趣,提高了教学质量。学生可以不断改变截面参数和配筋参数,然后查看三维显示效果,可以方便理解平法图集中的各类重要构造,图 2-4 所示为柱钢筋变截面构造、柱顶构造、钢筋连接、箍筋加密区的三维仿真模型,非常直观。图 2-5 所示为一框架梁的钢筋构

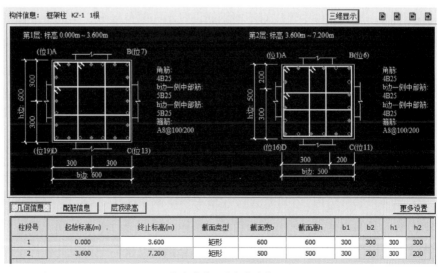

图 2-4 柱钢筋三维仿真模型

(a)柱截面和钢筋参数

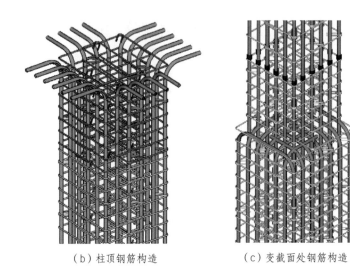

(b)柱顶钢筋构造　　　　（c）变截面处钢筋构造

图 2-4　柱钢筋三维仿真模型（续）

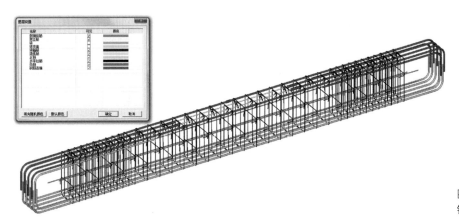

图 2-5　框架梁的钢筋构造三维图

造三维图，仿真软件中可以对不同钢筋设置不同颜色区分，梁的重要图纸信息包括侧面纵筋、架立筋、梁箍筋、梁纵筋、底部钢筋、顶部钢筋、水平拉筋和钢筋连接便一目了然。课程教学过程中，在梁、板、柱、剪力墙和楼梯的平法钢筋识图教学中大量应用了三维仿真软件教学，极大地提高了学生的学习兴趣。

4. 课程实训与理论教学紧密结合

课程理论教学部分结束后，安排了两周的课程集中实训时间。给学生一个三层的框架结构（含独立基础），给定构件截面尺寸、柱距和荷载参数，利用实训室的结构设计软件自行建模、整体计算和进行平法配筋。然后手算这个三层框架结构的总钢筋用量，当手算钢筋总量与结构设计软件统计的钢筋用量误差在 5% 以内，认为符合实训要求。教师在实训指导过程中，让学生在做每一步时都清楚地知道自己的目的是什么，接下来该干什么、怎么干，需要做哪些准备工作。图 2-6 为学生根据已知条件在结构设计软件中建立的框架结构分析三维模型。

图 2-6　框架结构分析三维模型

表 2-3 所示为某学生手算的钢筋总量和软件统计的钢筋总量的对比，手算和软件计算总计误差为 4.6%，显然满足实训的要求。当学生计算获得的钢筋总量在规定的误差范围内时，学生表现很兴奋、很自信，通过实训，将平法图集、钢筋计算和结构 BIM 课程有机地联系在一起，大大提高了学生学习本课程的兴趣。

表 2-3　钢筋总量的对比

项目	实训手算（kg）	软件计算（kg）
梁钢筋量	14775	13908.74
板钢筋量	8657.97	8580.44
柱钢筋量	4583.22	5440.33
基础钢筋量	810.22	762.54
总计	28826.41	28692.05

5. 抗震设计理论与平法识图教学相结合

平法图集中多处都体现了结构抗震的概念，如受拉钢筋锚固长度与受拉钢筋抗震锚固长度、框架梁与非框架梁、箍筋加密区与非加密区、剪力墙的底部加强区和抗震楼梯与非抗震楼梯、延性破坏与脆性破坏等，由于高职土建类专业一般不专门开设《建筑结构抗震》课程，因此学生在面对这些专业术语显得茫然。因此，在本课程的教学过程中，给学生补充了必要的抗震设计理论知识，让学生了解抗震概念设计的基本知识和不同结构类型的震害，讲解结构破坏机制和结构抗震设计"强柱弱梁、强节点弱构件、强剪弱弯"的设计理念，并在课堂教学过程中展示大量的震害图片。如图2-7所示为典型的框架结构中楼梯的震害图片，通过该图的讲解，学生很容易明白，框架结构中楼梯参与抗震设计的必要性。

图 2-7 楼梯的震害图片

同时，在课堂上巧设问题，如：为何钢筋混凝土框架梁两端的箍筋要加密？为何框架梁和非框架梁的钢筋构造不同？为何钢筋混凝土梁的侧面抗扭纵向钢筋和构造腰筋的钢筋构造要求不同？为何剪力墙有个边缘构件的概念？……通过这些抗震概念和图集构造紧密相关的问题，让学生结合平法图集进行思考，做到"知其然也知其所以然"。

6. 差异比较教学法

在教学过程中讲述各知识点的具体教学内容时，由于本课程内容的特殊性，很多内容会相似或相近，容易让学生在学习过程中产生混淆、概念不清的现象，因此在讲授过程中常将某些章（或节）的教学内容用表格表示出来，找出异同再进行教学。

该方法简明扼要地展现了主要教学内容，突出了图集构造特点之间的差异，使教学内容紧凑而不琐碎，非常适合高职学生的学习特点，表 2-4 所示为框架梁与非框架梁构造的对比。

表 2-4　框架梁与非框架梁构造的对比

项目	框架梁	非框架梁
代号	KL	L
箍筋配置	加密区/非加密区	非加密区
纵筋锚固	考虑抗震	不考虑抗震
上部通长筋	必须有通长筋	通长或架立筋

7. 以赛促学

技能竞赛有着常规教学不可及的创新教育功能，对培养学生的创新意识、实践能力和团队精神，优化人才培养过程，提高教学质量有着重要的作用。近年来，教学团队指导学生共获建筑工程识图相关竞赛全国三等奖 1 项、省级一等奖 5 项。

通过组织和参加建筑工程识图（以钢筋平法识图为重点内容）相关技能竞赛，极大地调动了学生学习本课程的兴趣，每届均有 5~8 组队伍报名参赛（每组 2 名学生）报名，我们对报名参赛的学生进行赛前辅导和逐层筛选，重点补充结构抗震设计和快速识图方面的技能知识，达到了"分层次"的教学目的。

将技能竞赛和《平法识图与钢筋计算》课程的教学结合起来，既大大提高了学生的学习兴趣，又在这个过程中学会遇到问题进而学习对特定问题的解决，并通过获得技能大赛获奖证书产生成就感，从而树立自信心和进一步加深对专业知识的理解。通过参加竞赛，让学生"找到兴趣，练到技能，得到收获"。

8. 推荐课程相关的微信公众号

智能手机已经成为人们不可缺少的产品，而微信作为一款手机软件与个人的生活紧密相关。随着微信软件的发展，被越来越多的人所接受，已经成为许多人生活中不可缺少的社会交流工具和平台。微信也慢慢被应用于教育领域,在一定程度上较好地促进了学习者的学习。

在本课程的教学过程中,向学生们推荐了两个做得较好的课程相关的微信公众号,激发了学生的学习兴趣,提高了学生们的学习效率和学习效果。课程的微信公众平台可上传全部的教学电子资源,可供学生课前预习和课后复习,学生可利用碎片化的时间,有利于促进课程的学习。

《平法识图与钢筋计算》是一门理论性、综合性、实践性很强的土建类高职高专核心专业课程,教学中必须综合应用多种教学方法,形成良好的现代职业教学理念,方能激发学生的学习兴趣,提高学生的主观能动性。

本书第一作者在近十年的课程教学实践中,尝试通过钢筋三维图片、视频、钢筋绑扎施工录像、仿真软件等现代化的多媒体资料冲击学生的视觉和听觉,用工程实例集中学生的注意力,平面图集和三维图集的配合使用、施工图片、视频与教学相结合、识图教学与三维软件仿真相结合、课程实训与理论教学紧密结合、抗震设计理论与平法识图教学相结合、差异比较教学法、以赛促学、推荐课程相关的微信公众号等方式启发学生思考,营造师生互动的教学氛围。多种教学手段的综合运用对于激发学生对本课程的兴趣、提高教学质量起到了推动作用。

本书第一作者和第三作者合作,将钢筋骨架模型引入课堂,即制作典型钢筋混凝土构件中钢筋的骨架模型,学生通过实物的感官,从而激发学生探索知识的动力。这样可以用最短的教学时间,最少的教学成本,达到最佳的教学效果,进一步激发学生学习本课程的兴趣。本书第一作者和第二作者合作,尝试将科研成果反哺教学,本书第一作者和第四作者合作,将 BIM 技术引入教学,均取得了很好的教学效果。当然,激发学生学习兴趣是一个不断探索,持续研究的课题,在该课程的教学中教学团队将会继续思考和探索,以求更好的教学效果。

2.5 课程教学效果评价

课程考核评价是检验教学质量的重要手段,对课堂教学的实施有着直接影响,甚至关系到人才培养质量(庞玲,2013)。同时,课程考核也是促进学生学习、激发学习动力、促进学生进步和鼓励学生创新的手段。金燕和李剑慧（2013）对建筑结构识图课程难以确定评价标准的原因也进行了系统分析，认为原因有以下三点：

（1）识图能力没有可依照的行业职业能力标准。没有标准，就不好评价识图能力，也就谈不上搜集评价证据。对结构识图课程来说，也就不知道用什么作为学业成果评价学生的学习效果。

（2）施工图的识读过程是心理活动，一个学生是否读懂了施工图纸，不好观测，不好测量。识图能力属于技术分析、应用能力，需在实际分析和解决问题的过程中来考察，需要综合性的职业实践来评价，显然这在学校里不能实现。

（3）由于建筑产品及其生产过程的特殊性，学校的结构识图教学没有可以引用的"确定目标→完成任务→形成成果→检验成果→最终评价"这种体系。

因此，以往高职土建类专业工程识图类课程的考核大部分采用卷面考试方式，部分院校采用过程考核，大多数院校还是遵循传统评价体系。卷面考试考核学生平法规则和钢筋计算方法的掌握情况，主要是从规则认知和计算方法方面去考核，虽可以比较全面地考查理论知识，但试卷幅面和考试时间有限，与实际工程图纸相结合的考试试题较少，较难考查学生运用课堂上所学解决实际工程图纸识读的技能。传统的课程考核评价突出期末考试（笔试）成绩的重要性，不注重学习过程知识积累的引导，缺乏必要的教学互动，不利于调动学生学习的积极主动性，不利于教师教学方法的创新，不利于合理评价学生的综合素质，常常不能达到学以致用的效果。

由于《平法识图与钢筋计算》具有理论性强、实践性强和综合性强的特点，加上高职学生生源素质参差不齐，教师对学生学习效果评价方法的选择是十分重要的，原因在于：

（1）适当评价方法可以激发学生学习的积极性与自信心，增强学生的学习热情；

（2）适当评价方法可以促进学生正确地掌握学习方法，能看到自己的进步和潜能，形成良好习惯的职业能力；

（3）适当评价方法可以使学生增进知识的同时，加深师生之间、同学之间的情感交流，从而促进学生的沟通协助能力；

（4）适当评价方法可以将课程思政元素潜移默化地融入，"润物细无声"。

课程考核评价方法不仅关注结果，而且也应关注过程，高职《平法识图与钢筋计算》课程教学评价，应体现土建类高职学生特点，结合"三维"教学目标，注重培养学生实践动手能力，确定教学评价具体的策略为：

（1）改革传统的学生评价手段和方法，注重学生的职业能力考核，采用阶段性评价、过程性评价、目标评价、理论与实践一体化评价模式，关注学生在理论学习和实践学习过程中每一个"闪光点"。

（2）评价形式多元化。评价既可以采取自我自评、组内互评、组间互评，也可以采取教师点评、教师综合评价等方式。结合每年的建筑工程识图校级、省级技能大赛，采用竞赛评价对课程的教学效果进行评价，既考核了学生技能，也促进教师团队教学能力的提升。

（3）强调整体综合性评价。重视强调学生整体综合性评价，学生的专业技能，合作沟通的职业能力也会得到检验和提高。注重对学生动手能力和在实践中分析问题、解决问题能力的考核。对在学习和应用上有创新的学生给予积极引导和特别鼓励，综合评价学生能力，发展学生心智。

鉴于以上分析，本教学团队针对《平法识图与钢筋计算》课程采用的考核方法包括以下几个部分：

（1）职业素养考核（20%）：主要考核学生的出勤情况、小组协作能力和工匠精神等思政表现；

（2）基础知识考核（30%）：主要考核学生对平法制图规则和钢筋标准构造应知理论的掌握；

（3）基本技能考核（30%）：主要考核结构图纸识读、审图和解决工程问题的能力；

（4）钢筋绑扎和钢筋建模技能考核（20%）：主要考核根据平法标准图集进行三维钢筋实物模型的绑扎技能和采用 BIM 软件建立钢筋标准构造三维数字模型的能力。

采用以上考核方式对学生应掌握的核心知识和核心能力进行评价，能从根本上引导学生的"学"和教师的"教"。考核结果显示，大部分学生都能灵活运用所学的知识，不断提高自身的相关能力，达到技能培养的目的。随着信息化技术在教学中的不断应用和传统建造模式向智能建造转型，在"新工科"背景下培养学生综合技能的道路上，识图类课程考核还有很大的发展空间，还要继续加强和完善课程资源的建设、开发新型教学工作流程、开设与职业岗位相匹配的实训项目等。《平法识图与钢筋计算》课程考核改革方向如下：

（1）建立技能点标准。针对课程的知识技能点建立标准化的考核流程，开发课程考试评价软件平台，便于检验教学效果。

（2）继续深化"岗课赛证"融通。将课程教学效果考核与建筑工程识图 1+X 证书（中级、高级）、中国图学学会 BIM 建模证书（二级结构）等技能证书深度融合。

（3）结合"新工科"建设，培养学生创新能力。通过考核激发学生创新能力，优化项目设置，在完成学习任务的同时培养学生创新能力。

2.6 课程说课案例

说课的宗旨是教师在同行面前展示自己备课的思维过程，是教学思维的有效碰撞。说课活动的开展不仅有利于提高教师素质，优化教学设计和教学过程，也是开展教学研究，提高教学效果的有效途径之一。本节以深圳信息职业技术学院智能建造技术专业为例，尝试以说课的形式来剖析该课程，以期进一步提升该课程的课程改革和教学效果，希望能为同行对该课程的教学和说课提供参考。

2.6.1 课程设置

依据国家职业标准和岗位需求，结合本专业的人才培养方案，发现建筑结构施工图识读能力是高职土建类毕业生必备的核心技能之一。该课程是高职土建类专业核心课程，在高职高专土建类专业课程体系中占有十分重要的地位，具有理论性强、实践性强和综合性强的特点。本课程对应的岗位是施工员、造价员、监理员等，对应的技能大赛是建筑工程识图技能大赛，对应的证书是建筑工程识图 1+X 证书，是一门"岗课赛证"融通的课程。

本课程前导课程有《建筑材料》《建筑力学》《建筑构造》《建筑结构》等，后续课程有《建筑工程计量与计价》《建筑工程质量与安全管理》《建筑工程招投标与合同管理》等，本课程有着"承上启下、内化能力"的作用。本课程针对智能建造技术专业，在二年级下学期开设，采用理实一体、虚实结合的授课方式。

2.6.2 课程目标

本课程知识目标与能力目标为：听得懂规则、看得懂图纸、算得准钢筋量。素质目标与思政目标是"家国情怀、职业精神、团队精神"，并确定六个思政控制点为：从爱国、敬业、诚信的社会主义核心价值观和社会主义制度的优越性、科技报国情怀两方面培养学生的家国情怀；从严谨、细致的职业精神和规则意识和专注、创新的工匠精神两方面培养学生的职业精神；从团队合作、密切配合和结合BIM技术、集思广益两方面培养学生的团队精神。

2.6.3 课程内容

本课程叫《平法识图与钢筋计算》，"平"指平面、"法"指规则，通过对国家标准设计图集中的平法制图规则的讲授让学生学会结构施工图图纸识读。对钢筋计算这一部分，是在学生掌握钢筋锚固、钢筋连接和钢筋排布的基础上，学会工程钢筋用量的计算。

从企业需求出发，依据职业岗位能力，最终确定课程教学内容。紧跟建设行业发展，适当引入新型装配式混凝土结构识图内容。课程教学包括理论教学（56学时）和实践教学（2周集中实训）两个部分，理论教学部分包括基础钢筋识图与计算、柱钢筋识图与计算、剪力墙钢筋识图与计算、梁钢筋识图与计算、楼板钢筋识图与计算和楼梯钢筋识图与计算这六个部分。通过对教学内容分析发现，柱、梁、板钢筋识图与计算这三部分是课程其他部分学习的基础，因此确定这三部分是本课程重点内容，也是核心内容。

目前相关教材内容的编排顺序基本是与平法施工图纸的顺序相同，按照结构施工顺序，从下至上即从基础钢筋识图与计算部分讲起，通过教学发现，这种编排顺序并不符合高职学生的认知规律，因此教学团队对教学内容安排进行重构，以往是从基础钢筋识图与计算部分讲起，改为从柱钢筋识图与计算讲起，然后紧接着讲梁和楼板钢筋识图与计算，为后续剪力墙、楼梯、基础钢筋识图与计算部分的讲解打下坚实的基础，如图2-8所示。教学团队惊喜地发现，这种教学安排符合高职学生的认知规律，有利于学生学习，取得了较好的教学效果。

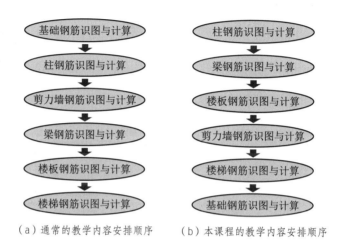

图2-8 教学内容安排重构

（a）通常的教学内容安排顺序　　（b）本课程的教学内容安排顺序

2.6.4 教学设计

本课程内容与行业岗位要求紧密结合，教学内容和教学方法应突出职业性、适用性和实用性原则。教学过程遵循高职教学特点，以学生职业能力培养为核心，工学结合，"教、学、做"一体。以企业实际要求为导向解决"教什么"，理论讲解为基础、任务驱动为手段解决"学什么"，多种教学手段融合解决"如何教与学"。

通过学情分析发现：学生已经学习了《工程制图》《建筑力学》《建筑结构》等课程，具有一定工程识图基础，但没有实际工程经验，三维空间想象力不足，手机、电脑为学生标配，常用于娱乐休闲，少用于自主学习，对本课程的学习有一定畏难情绪。因此，在教学过程中，教师应与学生共情，和学生调到同一频率。设计了一套基于兴趣的教学设计，实际工程案例导入→讲解力学原理→讲解制图规则重点→讲解钢筋构造难点→知识应用，大大提升了学习兴趣，采用了"工程案例＋课程知识要点＋岗课赛证融通＋思政元素"的教学设计模式。通过这四个步骤，促进了学生的求知欲，大大提升了学习兴趣。由于本课程以工程应用为背景，实践性较强，课程采用"工程案例+课程知识要点+思政元素"的教学设计模式，将关键知识点与工程案例相结合，并潜移默化地融入思政元素。

通过课程导入、任务驱动、理实教学、应用提高、岗位能力5个步骤来组织课堂教学。使用一个典型实际工程中结构施工图贯穿各部分的教学，层层递进，这样学生容易形成整体概念。教学实施过程采用"三横三纵"的步骤，分为课前导学、课中探究、课后拓展。在课前导学阶段，学生知理论、悟重点，在课中探究阶段，老师划重点、学生练技能，在课后拓展阶段，学生用技能、考证书，如图2-9所示。

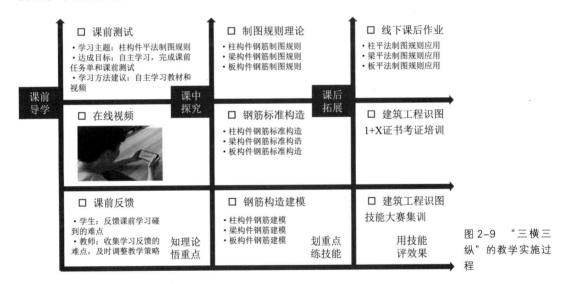

图2-9 "三横三纵"的教学实施过程

采用"理实虚"相结合的教学方式讲解平法制图规则，采用基于BIM技术的教学手段讲解钢筋连接构造。从实际工程图纸中设计作业，学生分组完成，引入组间互评，教师点评，在感悟"工匠精神"的同时解决教学重点。学生通过动手操作三维仿真软件学习钢筋构造，在融入劳动教育元素的同时解决教学难点。通过人物先进事迹（平法创始人陈青来、道德模范陆建新等人的故事）、鲜活建设样例（教师团队参与设计的深圳平安金融中心项目、中央援建香港的隔离设施等工程项目）、建筑设计规范（混凝土结构设计标准、建筑抗震设计标准等）、实践活动（建筑工程识图1+X证书考试、BIM建模员证书考试以及钢筋教学模型制作等）四个方面，达成思政育人目标。

课程资源全部上传到智慧职教慕课平台，采用线上线下混合式教学的模式，学生可以自行线上学习，打破了学习的时空局限，拓展了课堂的广度。线下课堂教学重点讲授平法制图规则和钢筋构造难点，以案例分析、小组互评、团队合作等师生互动为主。

2.6.5 教学资源

采用主讲教师主编的教材，该教材校企合作开发，既有必要的理论基础，又有习题与实训内容，与新规范同步；难易适度；"必需""够用"。该教材用"小知识讲大国工匠的故事""动手操作融入劳动教育元素""新闻故事渗透家国情怀"等，课程思政小故事引人入胜、润物无声、育人无形。不足之处是数字资源有待进一步丰富。教学过程中参考大量的教材和参考书，并有一套完整的实际工程结构施工图纸。本课程拥有大量的数字化资源，包括教学视频动画库、钢筋施工视频库、典型钢筋混凝土构件受力实体仿真模拟视频、施工图片库和平法试题库。教师团队自主开发的教学动画应用于教学，效果较好。

课堂教学全部安排在校内建设工程仿真实训室，基于BIM技术的平法钢筋识图软件和识图实训系统用于教学。另外，利用校企合作的机会，学生们有机会走进工地现场，聆听现场工程师的讲解，加深对钢筋构造的理解。

2.6.6 教学团队

本课程教学团队共8人，其中博士、博士后7人，具有高级职称5人，7人均具有长期企业工作背景，另有外聘兼职教师1名。教学团队特点和主要业绩为：100%双师、4人获国家级职业资格证书、5人获得建筑工程识图1+X高级证书、4人获市级荣誉称号、主持6项广东省教育厅和中国职教学会等教研课题、指导学生参加各类技能大赛获40余项奖项、获3项省市科技进步二等奖、参与3项国家和地方行业技术标准。依托专业BIM技术应用工作室，对学习程度较好的同学采用"项目制"进行能力提升，实现"分层次"教学。

2.6.7 课程应用与特色

本课程教学案例在 2020 年获得全国高职高专校长联席会优秀"网上金课"教学案例，本书第一作者以"疫情之下，多维一体的《平法识图与钢筋计算》线上教学的实践与思考"为题，从课程介绍、线上教学学情分析、线上教学资源与教学设计、线上教学实践、线上教学师生互动、线上教学与课程思政和线上教学的思考七个方面详细分享了"多维一体"的《平法识图与钢筋计算》线上教学实践过程和教学经验，取得了较好的示范效果。

课程的教学内容与建筑工程识图 1+X 证书考试内容有机融合，引入教学。基于本课程，申请获批省校级教研课题 4 项，并发表了与本课程相关的教研论文 9 篇，被同行多次引用。近 5 年，教学团队指导学生参加国家和广东省职业院校技能大赛建筑工程识图赛项，成绩稳中有升，特别是 2022 年、2023 年、2024 年度均获得一等奖、2023 年获得国赛三等奖。本专业有 200 位同学获得识图 1+X 证书、教学团队有 5 位老师获得识图 1+X 高级证书。

2.6.8 教学反思

本书第一作者对本课程进行了近十年的建设，已经入选校级精品在线开放课程和校级课程思政示范课程，具有以下特色：

（1）采用"工程案例 + 课程知识要点 + 思政元素"的教学设计模式，基于兴趣的教学设计提升了学生的学习兴致。

（2）基于智慧职教慕课平台的线上线下混合式教学模式，拓展了课堂的广度，突破了时空限制。

（3）基于 BIM 技术的信息化教学手段的应用，攻克教学重点和教学难点。

（4）课程思政、劳动教育元素有机融入课堂教学，培养学生的职业素养和家国情怀。

多位毕业生进入悉地国际、华阳国际、深圳筑博等知名建筑设计院工作，并得到企业领导的赞扬："识图能力强、上手快。"学校督导对本课程的评价为：教学组织恰当，内容丰富，突出高职特点。由于采用信息化的教学手段，相比传统教学，在课堂容量、学生参与度、掌握程度等各方面都有显著提升,"做中学、学中做、做中教",大大增强学生自主学习和思考的能力,较圆满地达到了教学目标。

但是,在本课程课堂教学实施过程中还存在以下问题需要改进:

(1)建筑结构工程钢筋施工的施工照片和钢筋三维仿真构造模型较为丰富,缺乏三维钢筋实物模型,将来应增加相应的教学资源。

(2)学生操作仿真软件机会较多,但实际动手绑扎钢筋实训机会较少。

(3)学生在建筑施工图和结构施工识图综合应用方面的能力依然相对较弱,在课程设计中应加强识图综合应力能力的培养。

2.6.9 结语

以说课形式进行《平法识图与钢筋计算》课程教学改革,科学系统地创新教学思路和教学设计,强化信息化教学手段,鼓励采用探究性的学习方法,课程思政、劳动教育元素有机融入课堂教学,增强了课堂教学效果。说课活动是一种教学思维的碰撞活动,能促进教师的教学能力和教学水平的提升。本节以说课的形式剖析高职《平法识图与钢筋计算》课程,以期能为同行对该课程的教学提供参考。

2.7 本章小结

本章以深圳信息职业技术学院智能建造技术专业人才培养方案为基础,首先介绍了《平法识图与钢筋计算》课程性质与定位、课程教学内容和课程教学计划,然后介绍了提升学生对本课程学习兴趣的八种教学方法,最后给出了本课程的说课案例,以期为相关同行提供参考。

第三章 信息化技术在课程教学中的应用

3.1 引言

《平法识图与钢筋计算》课程是高职土建类专业的一门重要专业课,具有理论性、综合性和实践性强的特点,在高职土建类专业课程体系中占有十分重要的地位。在开始学习本课程之前,学生通常已经学习了《建筑材料》《建筑力学》《工程制图》和《建筑构造》等先修课程,已经具有初步的建筑力学概念和建筑施工图识读能力。该课程包含钢筋混凝土构件类型众多,如梁、板、柱、剪力墙、楼梯、独立基础、桩基础等,每种构件的受力原理和特性不同、受力抽象且各有特点;高职土建类学生在建筑结构抗震理论知识方面较为欠缺,难以理解钢筋混凝土构件的钢筋抗震构造要求;国家标准图集中钢筋平法制图规则繁多、钢筋构造复杂;学生三维空间想象力不强,较难将传统钢筋二维形式的构造图集转换为实际三维空间钢筋模型。

以上学情给本课程的教学带来了挑战,大部分学生在本课程学习之初都有一定的畏难情绪,传统单纯地讲授教学方法难以引起学生的兴趣。南宁师范大学郑小军教授发表的关于信息化教学设计系列论文中指出，适当发挥信息技术优势，有助于直击学习者"痛点、痒点、兴奋点"（郑小军，2000；郑小军，2001）。为提高本课程教学效果，结合高职土建类的实际情况，在课程教学过程中大量地引入信息化技术，将信息化技术与传统的课程教学有机融合。将信息化技术引入《平法识图与钢筋计算》课程教学，可以进一步促进学生的自主学习能力、协作能力、专业知识能力的全面发展，不仅是课程教学本身的需要，更是培养高素质技术技能型专门人才的需要。

本章拟简要介绍各类软件在课程教学中的应用、智慧职教慕课学院（职教云）与学银在线在课程教学中的应用、课程微信公众平台建设与应用、信息化教学设计案例和线上教学实施案例，以期为讲授相关课程的教师同行提供参考。

3.2 各类软件在课程教学中的应用

由本书的 1.3 节相关研究成果介绍可知，很多教师同行在本课程的教学过程中应用 3DMax、探索者 TSSD 软件、SketchUp 软件和广联达造价软件等，取得了较好的教学效果，相关的研究成果为本书的研究提供了很好的参考。本书第一和第三作者在多年的本课程教学过程中，尝试采用有限元软件、结构设计软件、Revit 软件、ProStructures 软件和 SketchUp 软件等信息化软件技术应用于教学，取得了较好的教学效果。本节简要介绍了以上软件在本课程教学过程中的应用场景或应用实例。

3.2.1 有限元分析软件在教学中的应用

良好的力学概念是学好平法识图课程的重要基础，但力学概念抽象，这恰恰是高职学生的弱项。为了将无形的力转变为可感知的变形，将有限元分析软件引入课程的教学中来。采用有限元软件对《平法识图与钢筋计算》课程中涉及的典型钢筋混凝土构件进行建模分析，通过分析可以得到构件的变形云图、应力分布云图、钢筋应力分布等云图，不同的受力状态通过云图上不同的颜色便可以清晰直观地看出。这样，学生即使力学概念稍弱，也可以通过有限元软件分析结果快速判断构件的受力特点，有利于理解平法制图中相应的制图规则，以下以钢筋混凝土非框架梁、剪力墙构件和剪力墙中连梁为例，说明有限元软件在课程教学中的应用。

本课程涉及多种构件的受力特点，如果依靠传统的力学示意图，会加大理解上的难度和复杂性，采用有限元仿真动画的方式可以使学生快速达到对相关构件力学机理的理解。采用有限元仿真软件，模拟典型钢筋混凝土构件受力及破坏过程，加深学生印象，激发学生的学习兴趣，提高教学质量。图 3-1 所示为典型钢筋混凝土非框架梁的受力过程仿真模拟，有限元仿真模型见图 3-1（a）。从图 3-1（b）可见，在受荷载过程中，梁跨中的变形最大，说明梁跨中的弯矩最大。从图 3-1（c、d、e）的受压损伤云图可见，随着外荷载的不断增加，梁上部的受压区域也不断增加，通过损伤云图讲解非框架梁这类受弯构件在受力过程中的混凝土受压区和受拉区概念，学生较容易理解。

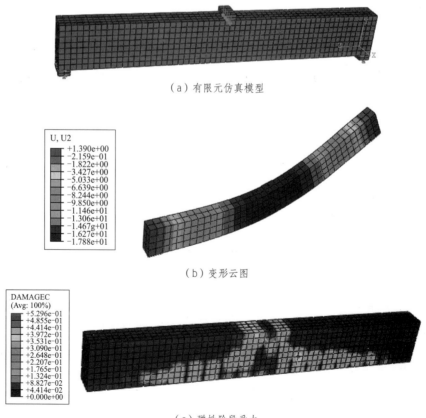

图 3-1　典型钢筋混凝土非框架梁的受力过程仿真模拟

（a）有限元仿真模型

（b）变形云图

（c）弹性阶段受力

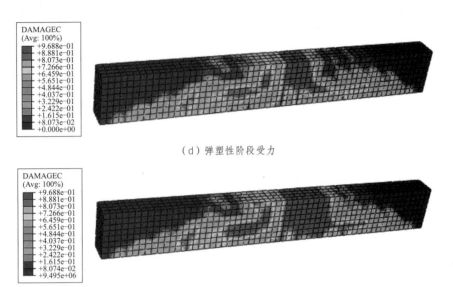

（d）弹塑性阶段受力

（e）塑性阶段受力

图 3-1 典型钢筋混凝土非框架梁的受力过程仿真模拟（续）

剪力墙构件的钢筋识图与钢筋用量计算是本课程的一大难点，大部分学生对约束边缘构件、构造边缘构件、墙身、底部加强区等专业术语理解不深刻，不容易区分边缘构件和墙身部位受力状态的区别、不容易区分约束边缘构件和构造边缘构件的区别、不容易理解底部加强区域和非底部加强区域的位置区别。这些术语对学生学习平法制图规则和准确识读剪力墙结构设计图带来了困扰。图 3-2（a）所示为采用有限元分析软件建立的典型的钢筋混凝土剪力墙构件的三维受力分析模型，通过分析，可方便获得剪力墙构件在受力情况的响应，如变形、应变等。图 3-2（b）和（c）给出了典型剪力墙构件有限元分析模型计算获得的变形云图和内部钢筋的 Mises 应力分布云图，这些云图用颜色来区分数值的大小。

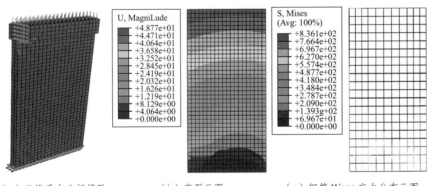

（a）三维受力分析模型　（b）变形云图　（c）钢筋 Mises 应力分布云图

图 3-2 剪力墙的有限元分析模型及分析结果

从图 3-2（c）可见，剪力墙底部的变形最大，剪力墙中底部钢筋和边缘的钢筋受力最大，同时有限元软件也可以方便生成受力分析动画，通过受力分析动画和云图的讲解，学生对以上专业术语的理解则显得容易接受。

剪力墙中连梁的概念对学生同样不易理解，学生不容易明白钢筋混凝土连梁和钢筋混凝土框架梁在受力特性上的区别，也可以借助于有限元软件建立带连梁的钢筋混凝土剪力墙有限元模型，如图 3-3 所示。从图 3-3 可见，在遭受地震作用时，剪力墙的损伤首先出现在连梁上，连梁的损伤程度远远大于剪力墙，从而起到了耗能和保护剪力墙的作用，连梁的变形以剪切变形为主。在 22G101-1 图集的第 14 页中对连梁 LL 和连梁 LLK（跨高比不小于 5）作了区分，主要原因在于，当梁的跨高比不小于 5 时，梁的变形以弯曲变形为主，此时的连梁与框架梁受力特性类似，因此 LLK 在钢筋制图规则和钢筋构造上与框架梁一致。有了这些直观和感性的认识，有利于学生学习剪力墙中连梁的钢筋制图规则和钢筋构造。

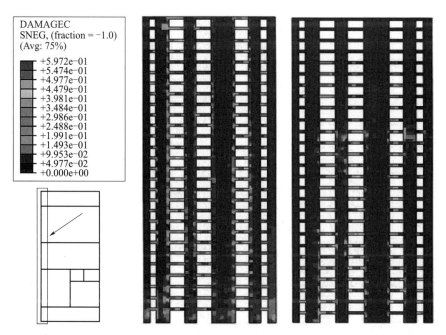

图 3-3　剪力墙在地震作用下的受压损伤云图

在课程建设过程中，利用有限元仿真软件，建立了钢筋混凝土轴压柱、偏压柱（包括大偏心受压和小偏心受压）和钢筋混凝土受弯构件等典型钢筋混凝土构件的受力过程有限元仿真模型，通过分析，可将分析结果制作成典型钢筋混凝土构件受力全过程仿真视频动画（如图 3-4 所示），并应用于课堂教学，学生容易接受。

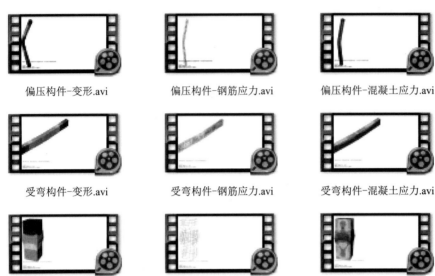

图 3-4 典型钢筋混凝土构件受力全过程仿真视频动画

有限元仿真演示教学通过具体的事例或实物对一些抽象概念进行说明，从而把一些抽象的知识、原理简明化、形象化，帮助学生加深对知识、原理的认识和理解。有限元仿真演示教学法具有操作速度快、费用低（可任意改变软件输入参数）、仿真结果可重复展现等优点，与传统的课堂教学相比，具有形象、直观的特点，可充分调动学生对建筑结构课程学习的兴趣和积极性。

3.2.2 结构设计软件在教学中的应用

由上述论述可知，力学概念是结构施工图识读的基础，有限元分析软件可以方便获得钢筋混凝土构件的受力特性，对理解钢筋混凝土构件钢筋构造有很大帮助，但不便于获得结构体系的受力特性。结构设计软件可以方便建立整体结构的三维分析模型，输入相关计算参数后可以方便获得结构在恒载、活载、风荷载、地震作用以及不同荷载组合下的轴力分布图、弯矩分布图和剪力分布图。图 3-5（a）为 Etabs 软件建立的典型钢筋混凝土框架结构的三维分析模型，该模型基本参数为：梁截面 300mm×500mm，柱截面 400mm×400mm，混凝土强度等级为 C30，结构各层高均为3.0m，各层楼板厚度均为100mm，柱网跨度（X向和Y向）均为6m。

从图3-5（b）、（c）的分析结果可以容易了解框架柱的轴力和弯矩分布规律，学生较容易理解框架柱弯矩的反弯点通常在每层柱的中部，柱顶和柱底弯矩较大而中部弯矩较小，因此，图集中规定柱顶和柱底区域为纵筋的非连接区域。从图3-5（d）容易看出框架梁剪力的分布规律，框架梁中箍筋加密区与非加密区的概念便"迎刃而解"了。

图3-5 典型三维钢筋混凝土框架受力分析图

（a）三维分析模型　　（b）轴力图
（c）弯矩图　　（d）剪力图

3.2.3 Revit软件在教学中的应用

Revit是Autodesk公司一套系列软件的名称，Revit系列软件是专为建筑信息模型（BIM）构建的，可帮助建筑设计师设计、建造和维护质量更好、能效更高的建筑，该软件建模方便，可以方便建立三维建筑模型和三维结构模型，并能自带钢筋族。利用该软件的三维建模、可视化和渲染功能，可方便用于《平法识图与钢筋计算》课程中钢筋构造的学习,以下以变截面钢筋混凝土梁钢筋构造为例进行说明。

钢筋混凝土变截面梁的钢筋构造是梁钢筋构造学习的难点,对于梁中间支座变截面的情况,22G101-1 图集在第 93 页给出了钢筋构造,学生比较好理解。对于实际工程中出现的在梁跨中变截面的情况,学生却束手无策,尽管在 18G901-1《混凝土结构施工钢筋排布规则与构造详图》这本图集第 43 页给出了跨中变截面梁钢筋排布构造详图,但由于图集中给出的节点构造是二维平面图,加之学生本身对这个构造不熟悉,对这类钢筋的构造较难准确掌握。

教学过程中,借助于 Revit 软件强大的三维建模和渲染功能,建立了实际工程中的跨中变截面钢筋混凝土梁的钢筋三维模型(图 3-6)并用于教学,学生一看便明白梁中间支座变截面的钢筋构造,可取得较好的教学效果。

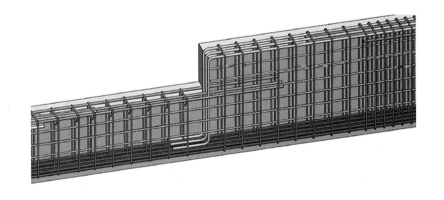

图 3-6　Revit 软件建立的跨中变截面钢筋混凝土梁的钢筋三维模型

3.2.4　ProStructures 软件在教学中的应用

ProStructures 软件是 Bentley 公司专门为钢筋混凝土结构施工和规划任务而推出的三维建模及详图设计环境。该软件模块具有详细的配筋参数,储备常用的标准混凝土截面,也具备用户自定义混凝土截面的功能,因此适应多种混凝土构件的配置。该软件内带有开放式的配筋样式库,在钢筋配置方面不但能匹配常见梁板柱钢筋配置,对异形、自定义结构同样能进行钢筋配置。

该软件有单线模式、线框模式、草图模式、逼真模式等不同的显示方法，简单显示模式可节省计算资源，逼真显示用于模型的三维查看。另外，该软件有丰富的钢筋端部样式，如 180° 弯钩、90° 弯钩、曲柄弯钩等且能根据需求用户进行自定义角度编辑。该软件的这些功能便于让学生对钢筋弯钩角度、弯钩长度等构造细节有更深的体会，可以进一步提升学生的技能水平。图 3-7 所示为 ProStructures 软件中柱和梁钢筋建模的技术细节，从图 3-7 可见，包含纵筋的保护层直径、间距和保护层厚度、箍筋类型（箍筋直径和间距）、起始位置、弯钩类型（90° 弯钩和 135° 弯钩）、弯钩旋转角度等。对这些参数输入后，可实时显示对应的钢筋构造简图，这样可大大提高学生对钢筋构造细节的掌握程度。

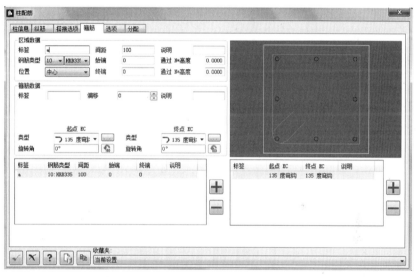

（a）柱钢筋建模

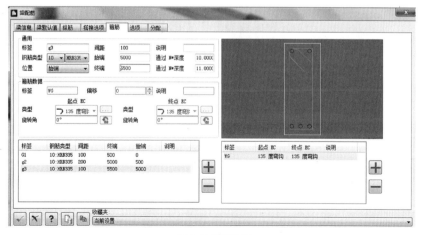

（b）梁钢筋建模

图3-7 ProStructures 软件中柱和梁钢筋建模的技术细节

3.2.5 SketchUp 软件在教学中的应用

SketchUp 软件是一款直接面向设计方案创作过程的一个 3D 设计软件，在一个视图环境里进行旋转建模，可以形成 6 种标准视图和 3 种透视图，设计师可以直接在电脑上进行十分直观的构思，是三维建筑设计方案创作的优秀软件。该软件比 3Dmax 和 SolidWorks 建模软件操作简便，能直观和动态地演示模型的三面投影关系，效果直观。

针对与本课程教学内容相适应的 22G101 系列图集的关键钢筋构造，可方便建立钢筋构造的 SketchUp 三维模型，同时学生通过软件操作学习，也可以掌握该软件的操作技能。学生针对某一特定的钢筋构造进行建模，教师针对学生建立的三维模型，可以不断提出完善意见，直至学生建立准确的模型，在此与学生"互动"的过程中，也可将工匠精神很好地融入教学之中。图 3-8 所示为柱纵向钢筋（插筋）在基础中构造的 SketchUp 三维模型。把以上模型通过 3d 秀秀平台分享，方便学生在手机端查看三维模型，大大提高了学生上课的参与程度。

图 3-8 柱纵向钢筋（插筋）在基础中构造的 SketchUp 三维模型

《平法识图与钢筋计算》课程具有理论性、综合性和实践性强的特点，为提高本课程教学效果，结合高职土建类学生的实际学情，在课程教学过程中大量引入信息化软件技术，将信息化软件技术与传统的课程教学有机融合。将信息化软件技术引入《平法识图与钢筋计算》课程教学，可以激发学生的学习兴趣。本节介绍的有限元软件、结构设计软件、Revit 软件、ProStructures 软件和 SketchUp 软件等信息化技术在本课程教学过程中的应用场景或应用实例，以期起到"抛砖引玉"的作用。

3.3 智慧职教与学银在线在课程教学中的应用

3.3.1 职教云（MOOC 学院）在课程教学中的应用

职教云是高等教育出版社推出的以高职、中职等职业院校为单位，面向师生的在线教学平台。教师可在平台上根据自身的需求和课程特点建设课程，也可将智慧职教、MOOC 学院等资源平台中的课程资源直接导入职教云作为自己的教学资源进行编辑和整理。教师通过"云课堂智慧职教"手机 App，可以实时查看学生的学习进度和任务完成情况，进行在线答疑和互动。学生通过手机 App 和网页端均可以进行课件学习、参与互动、提交作业等，完成教师对课程的要求（侯玉洁等，2020）。

职教云和云课堂智慧职教 App 的《平法识图与钢筋计算》课程教学实施过程分为课前、课中、课后三个阶段，具体步骤如下：

（1）课前，教师通过职教云网页端推送教学资源，进行课前测试，学生通过云课堂智慧职教 App 进行自主学习，观看教学视频，完成课前测试，检验自学效果。教师能够准确把握学生的参与和自主学习情况，及时发现学生的学习问题，根据学生掌握的情况备课，确定课堂教学内容。图 3-9 ~ 图 3-11 所示为课前教师上传的柱构件钢筋教学视频、柱构件钢筋施工图片和柱构件钢筋三维构造模型。

（2）课中，根据学生自学的主要内容和知识点的掌握情况，课堂上详细讲解学生掌握不牢的知识点、重点和难点内容，并答疑解惑，将课堂上有限的时间用在教学重难点上。通过设置讨论、随机点名、问卷调查、投票、头脑风暴等互动形式，调动学生的学习积极性，设置课中测试，检验学生对知识点的掌握情况。图 3-12 为学生针对某一知识点的讨论回帖以及教师的评分。

[视频] 柱钢筋构造（1）

[视频] 柱钢筋构造（2）

[视频] 柱钢筋构造（3）

[视频] 柱钢筋构造（4）

[视频] 柱钢筋构造（5）

[视频] 柱钢筋构造（6）

[视频] 柱钢筋构造（7）

[视频] 柱钢筋构造（8）

[视频] 柱钢筋构造（9）

[视频] 柱钢筋构造（10）

图 3-9 课前教师上传的柱构件钢筋教学视频

1 工程实践中的构件钢筋施工图片

[图片] 钢筋混凝土柱钢筋-焊接连接

[图片] 钢筋混凝土柱钢筋-机械连接

[图片] 钢筋混凝土柱纵向钢筋-机械连接

[图片] 钢筋混凝土柱钢筋绑扎-1

[图片] 钢筋混凝土柱钢筋绑扎-2

[图片] 钢筋混凝土柱箍筋加密-1

[图片] 钢筋混凝土柱箍筋加密-2

图 3-10 课前教师上传的柱构件钢筋施工图片

（3）课后，通过作业、测试等方式，巩固教学重难点，从而达到既定教学目标。在这三个环节中，学生的表现都以积分的形式呈现出来，激发学生的学习热情，营造良好的学习氛围。整个教学过程中，培养了学生主动探究的学习习惯，充分体现"以学生为主体、以教师为主导"教学理念。

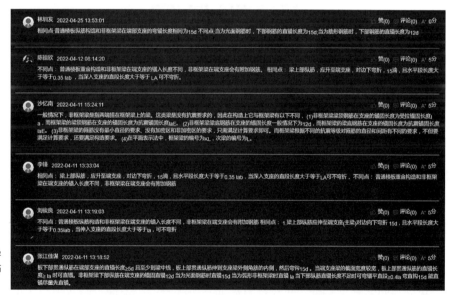

图 3-11 课前教师上传的柱构件钢筋三维构造模型

图 3-12 课中的学生讨论回帖及教师评分

教师可结合学科性质及学生具体表现，综合职教云平台中课件学习、课堂活动（考勤、参与、课堂表现、测验）、作业、考试四个方面设置考核权重，修正各阶段、各章节的评价结果，利用平台的统计功能给出学生的综合成绩。职教云平台多项方便的统计功能，如统计学生的学习进度、学生的学习时长、课件的访问统计和课堂活动个数等。

由于职教云平台仅仅针对本校学生，为了让课程资源在校内外无限制共享，从 2024 年起，本书第一作者负责的《平法识图与钢筋计算》课程在智慧职教的慕课学院也已经上线，内含大量的课程资源、习题和钢筋三维模型等，智慧职教慕课学院开设的《平法识图与钢筋计算》课程页面和二维码见图3-13，课程资源定期更新和完善，课程资源已经被国家职业教育智慧教育平台、广东、福建、山西、黑龙江、浙江、广西、湖北等地79所学校的教师与同学使用，加大了课程的影响力。

（1）课程页面

（2）课程二维码

图3-13 智慧职教慕课学院开设的《平法识图与钢筋计算》课程页面和二维码

《平法识图与钢筋计算》MOOC课程已建设资源369个，其中：视频90个、文档202个、图文77个、试题200道、实际工程图纸158张，有兴趣的读者可以去关注，截至2025年4月，有深圳信息职业技术学院、广州城建职业技术学院、福建信息职业技术学院、广东理工职业学院、黑龙江能源职业学院、四川建筑职业技术学院、浙江建设职业技术学院、山西职业技术学院、广西水利电力职业技术学院、湖北国土资源职业学院等142所院校及企业的67321名学员使用了本门课程资源，示范辐射面广，课程统计如图3-14所示。慕课开设以来，受到了同学们的关注和好评，学生对课程的部分评价见图3-15。

本节对职教云教学平台在课程教学中的应用做了简要的介绍，本书的第一、第二、第四作者长期使用智慧职教慕课学院、职教云平台进行线上线下混合式教学，均取得了较好的教学效果。

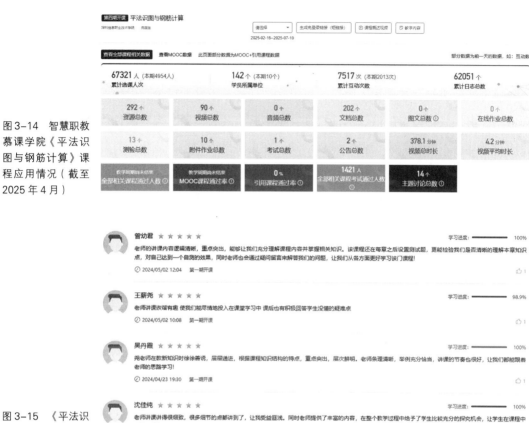

图3-14 智慧职教慕课学院《平法识图与钢筋计算》课程应用情况（截至2025年4月）

图3-15 《平法识图与钢筋计算》慕课学院的部分评价

3.3.2　学银在线在课程教学中的应用

　　为了满足学生个性化的学习需求，本书第三作者负责的《平法识图》课程于2018年底上线学银在线平台，该平台由超星集团有限公司全资子公司北京学银在线教育科技有限公司开发和运营，是超星集团与国家开放大学共同发起的基于学分银行理念的新一代开放学习平台，是面向高等教育、职业教育、终身教育的公共慕课平台，也是国家精品在线开放课程的评选和运营平台之一。使用该平台辅助线上教学包括教师在学银在线电脑端的相关设置和学生端学习通App相关教学活动的操作。

　　教师制作好课件、录制微课和设计好与课程教学相匹配的题库，上传学银在线平台，同时添加课程介绍、习题、作业、考试等相关内容，布置任务点，设置发放条件。为实现优质课程资源共享，超星集团有限公司征得主讲教师的同意后，可以以示范教学包的形式向国内同行开放，使用资源的教师在学习通即可实现教学资源的一键克隆，免去学银在线的建设过程。

教师新建班级，学生加入之后，可以在"任务"里参加讨论、做作业和考试，参加教师设置的课堂活动。在"章节"里观看微课，查看课件，完成章节测验，参加教师设置的课程活动，在更多里查看学习成绩。教师在活动库中可以开展签到、选人、随堂练习、主题讨论、抢答、问卷、分组任务、投票、评分、拍摄、群聊、白板、计时器、直播、同步课堂、腾讯会议等教学活动，如图3-16所示。

图3-16 学银在线平台的课堂活动

教师可在统计中查看课堂报告、学情统计、成绩统计，通过查看这些学习数据，了解每个学生每个学习资源的学习情况，在课堂教学中做到有的放矢，提升课堂教学质量。由本书第三作者负责的《平法识图》课程用多种信息化技术和教具直观演示钢筋构造，持续更新教学资源，2022年上线国家高等教育智慧教育平台，截至2023年10月31日，累计参与学习学生5万余名，累计使用高校500多所。

3.4 课程微信公众平台建设与应用

微信公众平台具有庞大的用户群体、丰富的功能、个性化推送、互动性强、数据分析能力强等优势，是企业进行营销和品牌推广的重要渠道之一。为了方便广大学者学习平法识图相关知识,本书第三作者于 2015 年 12 月 7 日开始创建和维护平法钢筋识图微信公众平台。

3.4.1 微信公众平台资源简介

微信是腾讯公司在 2011 年 1 月推出的一个应用于智能手机等移动终端的免费应用程序。2012 年 8 月 23 日,微信公众平台正式上线。微信公众平台具有操作便捷、沟通高效、资源多元的优势,开始辅助相关课程的教学,下面结合建筑类课程的特点和微信公众平台的功能,以"平法钢筋识图"微信公众号为例,介绍课程微信公众平台的建设方法。

从 2015 年 12 月 7 日至 2023 年 10 月 31 日,实时关注人数达 19457 人,其中排名第一的是云南省,有 7479 人,排名第二名的是广东省,有 2207 人。在课程微信公众平台上,共建设二维三维、微课慕课、创新创造 3 个一级菜单,二级菜单名称和教学资源数量详见表 3-1。

表 3-1 平法钢筋识图微信公众平台资源统计表

序号	一级菜单名称	二级菜单名称	资源数量(个)	备注
1	二维三维	电子课件	70	转载部分内容
		建筑钢筋	64	共 406 个模型
		道桥钢筋	25	
		二维图纸	101	CAD 看图王
		三维模型	99	线上 99 个,线下制作了 190 个
2	微课慕课	原创慕课	88	
		建材实验	18	转载
		钢筋动画	21	
		毁灭瞬间	51	转载
		施工视频	678	转载
3	创新创造	教材建设	1	
		科研论文	15	
		创新引导	102	转载

续表

序号	一级菜单名称	二级菜单名称	资源数量（个）	备注
3	创新创造	线上考试	378	
		关于我们	1	
合计	3	15	1712	资源还在添加

3.4.2 微信公众平台的建设方法

微信公众平台常规的功能比较容易建设，下面结合建筑类课程的资源特点，重点介绍公众号推广方法、二维码制作、分享视频、分享施工图、分享三维电子模型、菜单建设。

1. 公众号推广方法

云南省关注者以学生为主，通过加网络学习成绩的方式引导学生添加关注，其他关注者以推荐的方式添加关注。公众号关注者通过分享具有公众号信息的图文、视频资料到百度文库、豆丁网、QQ空间、腾讯视频、优酷视频等引导关注，也可以通过编写云教材和发表论文进行推广。

2. 二维码制作

有些图文、视频资源不便于在微信公众平台直接分享，可保存在其他平台，通过制作二维码进行分享，下面介绍草料二维码的种类和功能，详见表3-2。

表3-2 草料二维码种类和功能一览表

名称	功能
静态码	将文本、网址等直接进行编码，生成静态码，生成后内容无法修改，支持扫码枪扫描识别
活码	可添加丰富内容，如图文、文件、音视频等。内容修改、二维码不变。活码可自由组合表单，状态管理，协作闭环等功能，搭建管理系统
文本码	将文字内容直接对应二维码图案，可以用扫码枪或其他内部App扫描读取内容
网址码	将一串网址链接生成二维码

续表

名称	功能
小程序参数码	微信小程序参数二维码：关联小程序后，可使用小程序特定页面的参数生码，用户扫描后可以直接进入相应渠道/场景的小程序界面。

3. 分享视频

微信公众平台分享视频的容量在不断扩大，2023 年支持时长小于 1 小时的视频，支持主流的视频格式，一次能分享 10 个视频。超出限制的视频需到腾讯视频上传，可以把视频存储到腾讯视频，获取网址以链接的方式进行分享，一次可分享 10 个视频。超出以上条件的视频可以通过获取网址，用草料二维码生成器生成二维码（静态码）以图片的方式添加到正文中，读者扫描或者长按二维码进行访问。如果是多个地址，为了减少二维码的数量，可以采用活码，一个活码可以添加多个链接，并且随后编辑链接不影响之前形成的二维码。

4. 分享施工图

若工程项目的规模小、图纸少，其施工图可以以图片的方式进行分享，但是比较大的施工图（dwg 格式）可以保存到草料二维码平台，生成二维码进行分享，施工图可被下载后使用。

5. 分享三维电子模型

土建类专业相关课程中，有大量的三维电子资源，这些资源一般需要专业的三维软件在电脑端才能打开，平法识图公众号创建了房屋构件和钢筋模型共计 200 多个，其中一些常用的房屋构件和钢筋模型需要在线共享，也可以把需要共享的三维电子模型存储到 3dxiuxiu.cn 上，通过获取网址用二维码进行共享。

6. 菜单建设

微信公众平台有群发功能、自动回复、自定义菜单、投票管理、添加功能插件几项功能，其中自定义菜单可以共享大量的资源。允许建设 3 个一级菜单，每个一级菜单可以包含 5 个子菜单，合计 15 个子菜单，基本上能满足常见课程的教学需要。通过子菜单内容的跳转网页功能，页面地址从公众号图文消息中选择，可以共享群发的图文消息。如果需要共享的图文消息过多，还可以把多条图文消息的网址生成二维码以一条图文消息的方式进行集中共享。

3.4.3 微信公众平台建设中的困难

建设微信公众平台需要收集和创建大量的电子资源，也需要多种人才加入团队共同开发建设，这给微信公众平台建设工作带来不小的困难，甚至可能存在风险。下面从免责声明、App 开发、关注者管理三个方面进行探讨。

1. 免责声明

微信公众平台上因为可以链接很多网址，可以共享来自互联网的很多优质资源，分享非原创的电子资源存在侵权的可能。本课程的平法识图公众平台也共享了来自互联网的一些优质资源，所共享的资源都作了转载的声明，感谢提供这些资源的原创者。免责声明文字为："本公众平台以辅助教学传播知识为宗旨，不具有营利性质，如果侵犯了别人的权益，本公众号立即删除所共享的电子资源。"

2. App 开发

常规的资源较容易建设，但资源都必须在用户有网络的情况下进行共享，由于网速和流量的限制，有时候给共享大容量的资源带来一定的困难。开发 App 可以弥补这个缺点，但是普通的建设者由于能力有限，不具备开发 App 的技术条件。

3. 关注者管理

平法钢筋识图公众平台的关注者已经超过 19000 人，有学生，也有老师和其他群体，学生中有主讲老师授课的学生，也有其他老师授课的学生，随着《平法识图》（云教材）的出版和慕课的上线，公众平台的关注者逐年递增。

如何对不同群体进行管理，尤其是不同的教师对自己的学生进行管理，还需要进一步探讨。目前微信公众平台只能统计菜单和图文消息总体的访问、转载和互动情况，不能统计某个关注者对某个资源的具体访问情况。

3.5 信息化教学设计案例

《平法识图与钢筋计算》课程是高职土建类专业一门重要专业课,具有理论性、综合性和实践性强的特点,在高职土建类专业课程体系中占有十分重要的地位。

以下以深圳信息职业技术学院智能建造技术专业为例,该课程开设在大二下学期,学生在之前已经学习了《建筑力学》《建筑制图》和《建筑构造》,已经具有初步的建筑力学概念和建筑施工图识读能力,但由于每个学生的建筑空间想象能力和构筑建筑结构空间模型的能力有所差异,传统教学方法难以引起学生的兴趣。为适应"互联网+教育"的教学理念,切实提高课堂教学效果,本节以课程《平法识图与钢筋计算》中的《梁构件钢筋平法识图与构造》教学单元为例,进行了信息化的教学设计,使学生的认知方式由抽象变为具体,学生"做中学",教师"做中教",符合高职学生的学习特点,有效地攻克了教学重难点。本节的教学设计从教学分析、教学设计、教学实施和教学反思 4 个方面进行分析,多方面解决学生随机性、重复性、移动式学习的需求,经过十年的教学实践,取得了较好的教学效果。

3.5.1 教学分析

1. 课程分析

《平法识图与钢筋计算》为智能建造技术专业核心课程,授课对象为高职院校二年级下学期学生,授课形式为理实一体、虚实结合。本课程采用主讲教师主编的教材,结合行业需求,引入国家标准图集和最新国家规范。

教学过程中,根据国家职业标准和岗位需求,将课本知识重组并融入柱钢筋识图、梁钢筋识图、板钢筋识图、剪力墙钢筋识图、楼梯钢筋识图和基础钢筋识图 6 个项目中,并采用项目化教学。

2. 教学目标分析

通过对人才培养方案、岗位能力、专业标准和课程标准进行分析,确定了本单元的三维教学目标为:知识目标为掌握梁构件平法制图规则和熟悉梁构件标准构造要求；技能目标为能识读梁构件平法施工图和能理解梁构件钢筋标准构造；素质目标为结合实际工程中钢筋施工照片，感悟"工匠精神"。

3. 学情分析

梁构件受力原理抽象、平法规则繁多、钢筋构造复杂。学生已经学习建筑力学、建筑结构，具有一定的建筑结构识图基础；钢筋混凝土梁构件受力原理不清，不易理解钢筋混凝土梁构件中钢筋的布置原则；无建筑结构抗震理论知识，难以理解钢筋混凝土梁构件的钢筋抗震构造要求；梁构件中钢筋三维空间想象力不强，较难将传统钢筋二维形式的构造图集转换为实际三维空间钢筋模型；手机、电脑已经成为学生的标配，常用于娱乐，较少用于自主学习，学习兴趣不强。

3.5.2 教学设计

针对任务特点和学情特点，采用以学生为主体、教师为主导的建构主义学习理论，采用任务驱动、工学结合的教学方法，采用多种信息化手段和资源来优化教学过程，课程教学设计思路如图3-17所示。为了达到教学目标，针对本校高职学生的学情特点和学习特点，设计采用自主学习法、合作探究法、任务驱动法、同侪互助法和小组合作法的教学方法，本教学设计的教学手段分析如表3-3所示。

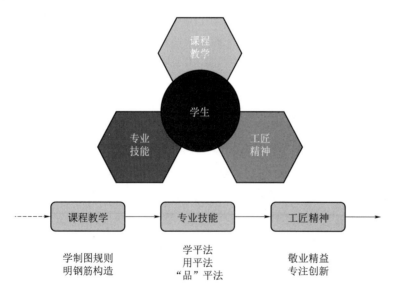

图3-17 课程和教学设计思路

表 3-3　本教学设计的教学手段分析

教学目标	教学困境	教学方法	教学手段	优势
掌握梁构件的受力原理	学生对抽象的力学原理理解性差	自主学习法 合作探究法	实体仿真软件 受力分析动画	化"无形"的受力为可见的变形
掌握梁构件平法制图规则	钢筋类型繁多 制图规则复杂	任务驱动法 同侪互助法	自制教学用具 平法实训平台	趣味性强 交互式学习
梁构件钢筋标准构造	学生三维空间想象力不强	任务驱动法 同侪互助法	三维仿真软件 自制教学用具	学习形式直观 仿真结果可视
综合评价学习效果	纸张记录 反馈不及时	任务驱动法 小组合作法	小组活动 在线试题库	客观科学评定学习过程

通过课堂讲练合理进行，使用任务驱动贯穿整个学习过程、开展识图实训进行深入学习、通过自主学习进行个性化、差异化学习。整个教学过程在理实一体化教室和钢筋平法识图实训室完成。

3.5.3　教学实施

教学实施过程分为课前、课中、课后 3 个阶段，如图 3-18 所示。其中，课中提升分为 8 个步骤，共 4 学时，每个步骤的学时分配如图 3-19 所示。

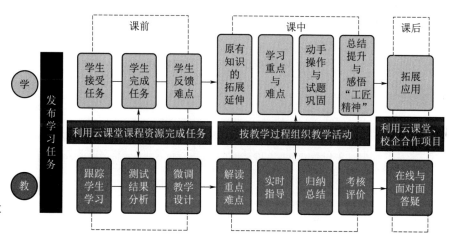

图 3-18　教学全过程流程图

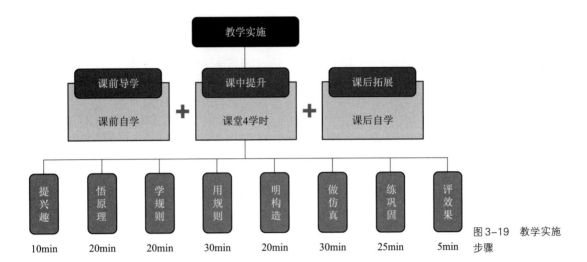

图 3-19 教学实施步骤

表 3-4 给出了各教学实施步骤的教学任务、教师活动、学生活动以及教学手段与设计意图。

表 3-4　各教学实施步骤的教学活动

一、课前导学
识概念——了解梁构件钢筋平法制图基本和基本构造

课前任务
课前预习：预习《梁构件钢筋平法识图与钢筋构造》课件，观看课前学习资源（3个动画），探究学习下列问题： （1）什么是梁钢筋的平法制图规则？ （2）了解梁钢筋基本构造要求。 （3）完成课前试题测试，共10道选择题，按照从易到难程度分为一星级试题、二星级试题和三星级试题

教师活动	（1）在云课堂学习平台，发布课件、Flash动画等课程资源及前置测试题。 （2）分析前测成绩。 • 细致分析测试成绩，精准确定教学重点和难点。 • 完成学生分组，强弱搭配，优势互补
学生活动	（1）预习课程课件，观看课程资源，包括课件、Flash动画、梁构件钢筋工地施工录像，完成课程学前任务。 （2）利用学习平台、微信等移动学习工具，与老师进行互动交流。 （3）学生完成教师发布的课前在线试题测试，检测自学成果
教学手段及设计意图	线上线下混合式教学模式，根据学生认知特点，对教学内容进行分层，将学生可通过自主探究学习掌握的内容前置自学，配合课前测验，以此确定课堂教学内容，以学定教，精准教学

续表

教学手段及设计意图	• 移动学习教学平台：整合教学资源，开展线上学习，将学习延伸至课外，培养学生自主学习能力。 • 课前预习：通过课件、观看资源了解梁钢筋平法识图的基本概念和基本构造。 • 平台讨论答疑：学生课前实时交流，同侪互助和师生互动学习。 • 在线测试：根据前测成绩，将学生进行分组，强弱搭配

二、课中提升（160min，4学时）

提兴趣——现有知识的延伸、激发学生的好奇心（10min）

教学内容
任务一：实际工程中建筑结构需要承受的外力
任务二：实际工程中建筑结构的梁构件需要承受的外力

教师活动	（1）播放电影《流浪地球》片段，启发学生对建筑需要承受外力的思考。 （2）启发学生讨论梁构件需要承受的外力，结合梁受力分析动画进行讲解
学生活动	（1）观看影片片段，思考老师提出的问题，相互讨论，并在教师的引导下回答出结构抗风、结构抗震、结构抗灾等外力。（完成任务一） （2）观看梁构件受力分析动画，结合老师讲解，掌握梁构件需要承受的外力，且掌握梁构件受弯矩和受剪力的受力特点、梁构件跨中和支座处弯矩和剪力分布特点。（完成任务二）
教学手段及设计意图	（1）播放电影《流浪地球》片段激发学生的学习兴趣和探究心理。 （2）受力分析动画——演示教学法、探究法：用梁构件受力分析动画，化无形的受力为有形的变形，易于学生理解梁构件的受力原理，为后续的梁构件钢筋平法制图规则和钢筋构造的学习打下理论基础

悟原理——明白梁构件的受力原理（20min）

教学内容
任务一：梁构件内钢筋配置情况
任务二：梁构件的受力原理

教师活动	（1）结合电影《流浪地球》片段，启发学生讨论：为了抵抗这些外力，梁内应该配置哪些钢筋？ （2）展示自制梁构件钢筋骨架教具模型，请1-2位学生对钢筋骨架模型进行观摩，邀请学得较好的同学分享讲解。 （3）利用梁构件实体有限元仿真分析动画，讲解梁构件中钢筋的受力特点，引导学生探究梁内钢筋配置特点
学生活动	（1）在教师的引导下，进行讨论并回答出梁构件内需梁顶钢筋、梁底钢筋、侧面钢筋和箍筋。 （2）学生对钢筋骨架模型进行观摩，邀请学得较好的同学上台分享讲解。（完成任务一）

续表

学生活动	（3）观看梁构件实体有限元分析动画，结合老师讲解，并在教师引导下回答出：为抵抗外力，梁构件跨中和支座处附近需要配置更多钢筋的特点。（完成任务二）
教学手段及设计意图	• 展示梁构件钢筋骨架教具——直观展示法。 通过对钢筋骨架模型的观摩，化抽象的钢筋名称为具体的模型，易于学生初步理解梁钢筋名称和布置位置。结合学生的问题答案，邀请学得较好的同学上台进行分享讲解。 • 受力分析动画——演示教学法。 用梁构件实体仿真动画，钢筋受力大小可视化显示，易于学生掌握梁构件内钢筋配置特点

学规则——学习梁构件架立钢筋和箍筋平法制图规则（20min）

教学内容

任务一：梁构件中架立钢筋和箍筋的平法制图规则
任务二：梁构件中架立钢筋和箍筋的平法制图规则特点

教师活动	（1）通过梁钢筋的三维模型动画，逐步播放并配合讲解，"庖丁解牛"式讲解梁构件钢筋平法制图规则。 （2）讲解并指导学生操作基于BIM技术的识图仿真系统，让进一步明白梁构件钢筋平法制图规则的特点
学生活动	（1）观看梁构件中钢筋三维模型的逐步播放过程，结合老师的讲解，掌握梁构件钢筋平法制图规则。（完成任务一） （2）动手操作基于BIM技术的识图仿真系统，通过不断改变软件中的参数，观察软件中梁钢筋标注情况的变化，掌握梁钢筋平法制图规则的特点。（完成任务二）
教学手段及设计意图	• 梁构件钢筋三维模型动画——演示教学法、探究法。 通过软件制作的梁构件中钢筋的三维模型动画，逐步播放并配合讲解，通过这种逐步递进的方式，采用这种适应性教学方法，符合学生的认知规律，易于学生理解梁构件的平法制图规则。 • 仿真软件——任务驱动法。 动手操作基于梁平法识图系统，通过直观地展示现象，加深理解，激发学习兴趣

用规则——动手绘制梁截面图、感悟"工匠精神"（30min）

教学内容

任务：从教师做过的实际工程图纸中设计作业，学生以小组的形式完成梁构件钢筋平法制图规则的作业题，并进行组间互评作业，教师归纳总结

教师活动	（1）发布梁构件平法制图规则的作业，并提出要求：小组完成作业，并将随机请小组上台进行组间互评。 （2）学生小组完成作业过程中，细心观察各组学生绘制梁构件截面图的过程，并记录易错点。

续表

教师活动	（3）随机选择小组上台进行作业的组间互评，并对作业易错点进行归纳总结，对每一条线、每一个点、每一处标注细细评说，让学生感悟"工匠精神"
学生活动	（1）学生小组互帮、互助，在规定的时间内完成作业。 （2）学生组间互评作业，相互提问和学习。 （3）学生聆听教师总结，完善和修正作业答案
教学手段及设计意图	• 小组完成作业——任务驱动法。 学生分小组完成作业，过程中学生相互讨论、相互学习，共同提高。 • 组间互评作业——同侪互助学习。 通过组间互评，锻炼了学生的表达能力，同时也引入了竞争机制，激发学生学习动力

明构造——学习梁面纵筋和梁与柱顶钢筋连接的标准构造（20min）

教学内容

任务一：梁构件梁面纵筋和梁与柱顶钢筋连接的标准构造
任务二：梁构件梁面纵筋和梁与柱顶钢筋连接的标准构造具体细节

教师活动	（1）播放电影《流浪地球》地震片段，启发学生对梁钢筋连接和构造要求的思考。 （2）通过软件制作的梁构件中钢筋标准构造的三维动画，逐步播放并配合讲解，利用钢筋BIM模型助力梁构件钢筋的标准构造的讲解
学生活动	（1）观看影片片段，思考老师提出的问题，相互讨论，并在教师的引导下回答出梁钢筋需要锚固、梁钢筋入柱、支座和跨中钢筋不能截断等基本构造要求。 （2）观看梁构件中钢筋BIM模型的逐步播放过程，结合老师的讲解，掌握梁构件钢筋标准构造。（完成任务一） （3）结合国家标准图集，使用"数字化+"教材观看钢筋三维构造，掌握标准构造的具体细节。（完成任务二）
教学手段及设计意图	• 梁构件钢筋三维构造BIM模型动画 ——演示教学法、探究法 通过软件制作的梁构件中钢筋的三维钢筋BIM模型，逐步播放并配合讲解梁构件的标准构造，通过这种逐步递进的方式，采用这种适应性教学方法，符合学生的认知规律，易于学生理解梁构件钢筋的标准构造

做仿真——操作三维仿真软件掌握梁面纵筋和梁与柱顶钢筋连接构造细节（30min）

教学内容

任务：学生动手操作钢筋三维仿真软件建立梁构件中的钢筋三维模型

教师活动	（1）介绍三维钢筋仿真建模软件中梁构件钢筋建模模块的操作方法。

续表

教师活动	（2）发布三维钢筋建模任务，实时指导学生操作三维钢筋仿真建模软件进行梁钢筋三维模型的建立
学生活动	（1）学生动手操作三维钢筋仿真建模软件，理解软件各菜单的作用。 （2）利用三维钢筋建模软件，建立给定的梁构件的三维钢筋模型，建模过程中学生必须注意每一个细节，继续感悟"工匠精神"
教学手段及设计意图	• 学生完成三维钢筋建模任务 ——同侪互助学习 学生完成三维钢筋建模任务，过程中学生可以相互讨论、相互学习，共同提高。 • 仿真软件 ——任务驱动法 动手操作三维钢筋仿真软件，观察软件自动生成的梁构件钢筋三维模型和梁与柱顶钢筋连接节点钢筋三维模型。通过直观的三维可视化模型，加深对钢筋构造教学难点的理解，进一步激发学习兴趣

练巩固——巩固和提升课堂学习内容（25min）

教学内容

任务：应用梁平法钢筋在线试题库，对梁钢筋平法规则和构造进行综合训练

教师活动	（1）让学生进入建筑工程平法钢筋实训系统进行测试，完成梁平法制图规则应用和对梁标准构造详图单元进行测试。 （2）使用建筑工程钢筋平法系统对测试结果进行自动统计和分析，对易错点进行总结和点评
学生活动	学生进入建筑工程平法钢筋实训系统进行测试，完成梁平法制图规则应用和对梁标准构造详图单元进行测试。（完成任务）
教学手段及设计意图	• 在线试题库——任务驱动法 学生进入建筑工程平法钢筋实训系统进行测试，完成梁平法制图规则应用和对梁标准构造详图单元进行测试，学生答题完成后，可以查看答题的正确率，也可以查看相关的知识链接，及时巩固课堂学习成果

评效果——综合评价学习效果（5min）

教学内容

任务：1.利用学习平台对课前试题进行重新测试，教师结合学生课堂表现进行在线评价，从平台导出本课时所有学习数据，形成综合性量化考核评价。
2.结合形成的评价数据，分析学生学习效果，梳理本节课知识脉络

教师活动	结合平台生成的学生学习数据及学生课堂表现，给出教师评价，并导出系统生成的总结性评价，教学过程中融入工匠精神
学生活动	结合系统生成的总结性评价，回顾反思本次学习内容，与老师一起梳理本节课知识脉络。（完成任务）

续表

教学手段及设计意图	• 学习平台统计 利用学习平台，生成导出学生学习数据及测验成绩，提高检测统计效率
三、课后拓展	
拓应用——拓展梁钢筋施工知识及校企合作项目训练	
教学内容	
任务一：结合专业知识，观看梁钢筋工地施工的施工图片和相关视频文件 任务二：程度较好的学生进入专业的工程实践与创新中心，用校企合作的真实工程项目进行锻炼	
教师活动	（1）发布课后学生观看的资源、施工图片和施工视频。 （2）学生对本章节的学习内容若还存在问题，可以与教师进行面对面的答疑。 （3）对于学习程度较好的学生，将其安排进入专业的工程实践与创新中心，用校企合作的实际工程训练，进一步提升岗位核心技能
学生活动	（1）学生在云课堂学习平台，观看老师发布的梁构件相关施工图片和相关工地施工视频。（完成任务一） （2）学习程度较好的学生进入专业的工程实践与创新中心，用校企合作的实际工程项目训练，进一步提升岗位能力。（完成任务二）
教学手段及设计意图	• 观看课程资源 ——知识面拓展 观看梁构件相关施工图片和相关工地施工视频，培养学生对专业的兴趣，服务后续专业课学习。 • 校企合作项目训练 ——知识迁移应用 学习程度较好的学生进入专业的工程实践与创新中心，用校企合作的实际工程项目训练，培养学生对专业的敏感度，进一步提升岗位核心技能

3.5.4 教学反思

1. 教学效果

结合学生前测数据及课堂问答反馈可知，学生已完全掌握梁构件平法制图规则和熟悉钢筋标准构造，达成知识目标。

通过课堂上两个作业任务的实施以及实训平台统计结果记录可知，通过小组合作及同侪互助学习，学生能够正确识读梁构件平法施工图和能正确理解梁构件钢筋标准构造，达成了能力目标。

结合课后调查问卷以及课堂综合评价分析，学生对本次课程这种虚实结合、讲练结合的教学模式认可度较高，培养了学生自主学习能力和习惯、有团队精神和动手能力和学生的工程师职业素养，达成了素质目标。

本次教学较传统教学模式，取得以下显著效果：

（1）理论、技能水平提升。通过课程信息化手段，有效突破教学重、难点，学生在梁钢筋平法识图规则和钢筋构造理解准确率方面显著提升。

（2）学习兴趣、积极性增强，学习效率提高。自制钢筋骨架教具、混合式教学、信息化教学、同侪互助学习等方法调动学生学习积极性，引导学生发现问题、解决问题、训练技能，升华职业情感。线上线下混合式教学手段、仿真教学软件的应用，突破了时间和空间的局限，极大提升了学习效率，将传统的6学时缩短为4学时，提高了效率。

（3）职业素养提升。通过职业素养教学目标的实现，培养学生成为具有动手能力强、沟通协作、精专的职业素养和勇于承担的"工程师"。

2. 特色创新

以"工匠精神"为引领，基于兴趣的教学设计，结合电影《流浪地球》逐步展开课堂教学，采用线上线下混合式教学模式和多种信息化教学手段，"分层次"教学，以学定教，分星级试题测试，精准评价效果。

诊断：通过课堂反馈及学习效果分析可知，信息化技术（BIM）对高职课堂教学确有促进作用，有助于学生对知识的理解，易激发学习兴趣，有推广价值。

改进：目前我校自建的钢筋BIM三维模型和动画资源库内容有限，希望今后能够通过推广校企深度合作，进行资源共建，开发更多优质资源，服务教学。

本次课程的教学设计中全过程引入多种信息化教学手段，使学生的认知方式由抽象变为具体，学生"做中学"，教师"做中教"，符合高职学生的学习特点，有效地攻克了教学重难点。同时，基于兴趣的教学设计，课堂教学结合电影《流浪地球》逐步展开，从自制钢筋教具到三维仿真，极大地增强了学生的学习兴趣，收到了良好的教学效果。本节给出的教学设计成果为2019年广东省职业院校教师教学能力大赛高职组获奖作品。

3.6 线上教学实施案例

本书 3.5 节给出了本课程的线上线下混合式教学设计案例,本课程经历过完全线上教学阶段,当时教育部提出各大中小学进行网络授课,本书第一作者已经实施了本课程的线上教学实践,本节将本课程的线上教学实施案例进行介绍,以期为相关教师进行线上教学提供参考。一台电脑、一部手机、微信与 QQ、职教云 App,搭建了一个崭新的"讲台",有些思考、有些感触。本节从线上教学学情分析、线上教学资源与教学设计、线上教学实践、线上教学师生互动、线上教学与课程思政、线上教学的思考六个方面介绍本课程的"多维一体"的线上教学模式,以期为同行提供参考。

3.6.1 教学分析

线上教学属于远程教育的一种教学形式,具有师生分离的特点,因此存在学习有效性的问题。如何提高线上线下教学的质量,就要在提高学生的学习有效性方面下功夫,只有学生有兴趣学、愿意去学,才能够学得进去,并灵活运用所学知识,学习的有效性才能得到提高。由于过长的假期以及不可抗力影响,使学生原本丰富多彩的生活,变得些许单调,而线上教学活动正好可以打破这种单调,给生活增添一点内容,适当转移注意力,以打发在家的无聊时光,对提升学生的上课积极性有着正面的影响。本课程线上教学学情的 SWOT 分析见图 3-20。

图 3-20 线上教学学情的 SWOT 分析

要提高线上教学质量,将线上教学质量的保证举措落实到线上教学过程的每一个环节之中,包括课程设计、教学设计、教学平台、教学过程和师生互动。

3.6.2 课程线上教学资源与教学设计

《平法识图与钢筋计算》课程讲授建筑结构施工图的识图和钢筋算量的技能,是高职土建类专业一门重要专业课,具有理论性、综合性和实践性强的特点。本书第一作者连续十年讲授该课程,亦申请到本课程的校级精品资源共享课程建设项目、省级教育教学改革与实践项目和中国职业技术教育学会的教改项目,经过多年的课程建设,本课程具有较为丰富的线上教学资源(图3-21)。

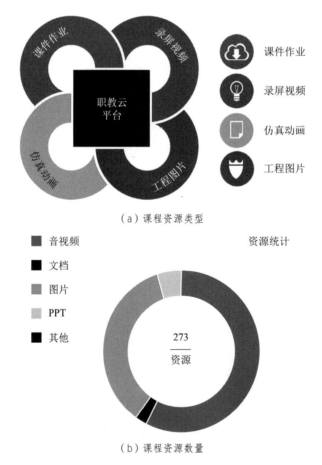

图 3-21 较为丰富的线上教学资源

由线上学情分析可知,提高学习积极性和学习兴趣是关键,因此针对本课程，设计了一套基于兴趣的线上教学方案（图3-22），让学生能够学得会、有持续学的兴趣。值得一提的是课程的线上教学绪论部分很重要，重点讲解"这门课程研究什么、这门课程的学习基础、这门课程的目的"，分别解决"我（本课程）是谁、我（本课程）从哪里来、我（本课程）要到哪里去"，让学生初步建立系统的认知和兴趣。

图 3-22　基于兴趣的线上教学方案

"图纸是工程师的语言"，是工程师把建筑物从概念变成实体的重要依据，结构识图能力是工程建设技术人员首要的必备技能之一。课程开始时，让学生知晓本课程是建筑工程识图职业技能等级"1+X"证书考试内容的重要课程，进一步激发学生们的学习兴趣。在日常的线上教学过程中，将建筑工程识图职业技能等级"1+X"证书的职业技能要求进行有机融合。

3.6.3　"多维一体"的线上教学实践

所有的教学资源和教学环节都为线上教学效果服务，本次线上教学采用"多维一体"的线上教学方案，如图3-23所示。本次教学方案的具体过程为：学生在课前登录职教云平台学习课件、教师讲课视频、动画、工程图片等教学资源，为了避免网络堵塞，教师提前将以上教学资源同时上传到学生QQ群备用。

课中，教师在线直播讲解章节知识难点，这些知识难点结合个人教学经验，在使用主讲教师主编的教材的基础上，并参考3本以上相关教材确定。在教学组织上，课程导入告诉学生"学什么"，任务驱动告诉学生"做什么"，理实教学让学生"跟我学"，应用提高让学生"学着做"，学生最终获得"我能做"的实际岗位能力，如图3-24所示。

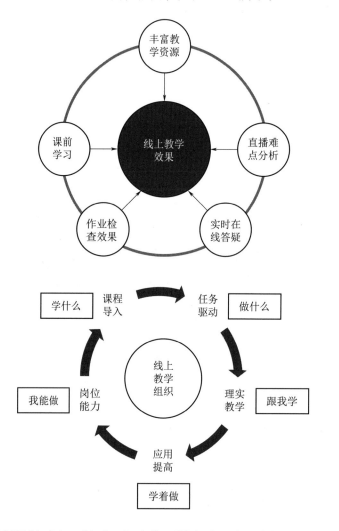

图3-23 "多维一体"的线上教学方案

图3-24 "多维一体"的线上教学组织

本课程周学时为4学时，每次线上课会采用腾讯会议进行1小时的网络直播，直播环节包括点评上周作业、本次课重难点解析、网络教学资源应用流程、微信群互动问题"先睹为快"和布置本次课作业。

以本课程中"柱钢筋识图"单元为例，梳理本单元知识点，并用一星、二星、三星标注各知识点的综合难度和重要程度，供学生学习时参考。结合笔者教学与工程经历，并参考相关教材确定本单元的知识难点，提前准备好精美的课件，直播环节用"浅显"的力学原理解释知识难点，如图3-25、

图 3-26 所示。

柱钢筋识图

知识点：
1. 柱的分类★★
2. 柱的编号★
3. 柱钢筋的表达方式★
4. 柱的纵向钢筋识图★★★
5. 柱的横向钢筋识图(箍筋)★★

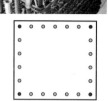

图 3-25 分星级知识点的梳理

知识难点：柱的横向钢筋识图（箍筋）
难点：柱的箍筋为什么有加密区和非加密区？

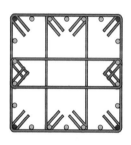 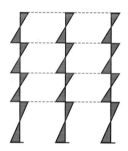

图 3-26 知识难点分析

结合知识难点，精心设计微信互动问题，同样对微信互动问题也进行了星级的标注，激发学生挑战三星级难题的"斗志"。考虑到高职学生的实际特点，微信互动问题均为判断题和选择题，便于学生在线上进行回答，如图 3-27 所示。在网络教学资源的应用介绍环节，主要介绍本单元相关的线上教学资源，以及各教学资源应用的先后顺序，见图 3-28。

直播环节非常重要，不但可以点评作业，还可以讲解本次课重难点。一方面，可以弥补教师教课录制视频文件时未讲透彻的缺憾，另一方面可以讲解重难点的细节，让学生少走弯路、事半功倍。

互动问题：选择题 ★★★

关于结构层高表，以下说法正确的是（　　）。
A. 竖向粗实线表示柱施工图的应用楼层范围
B. 双细线（实线）表示柱嵌固部位
C. 双虚线（虚线）表示柱嵌固部位
D. 首层柱端箍筋加密区长度范围按嵌固部位要求设置。

图 3-27 精心设计微信互动问题（分星级）

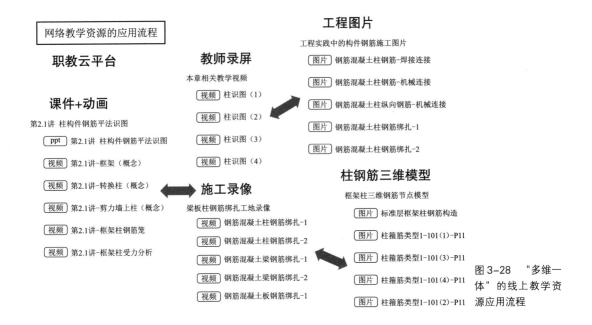

图 3-28 "多维一体"的线上教学资源应用流程

3.6.4 线上教学师生互动

由于线上教学，教学师生不能面对面，因此线上的实时互动答疑显得尤为重要，通过在线互动可以引导学生主动学习、可以解答学生疑惑、可以让学生参与精心设计的互动问题，提升学生的知识技能（图 3-29）。

（a）在线引导学生主动学习　　（b）线上解答学生困惑　　（c）学生线上合作探究学习

图 3-29 线上教学的师生互动

3.6.5 线上教学的思考

疫情期间,进行线上教学也是无奈之举,作为一名高职院校教师,我们要尽力而为,为学生提供必要的学习条件。同时,主动出击,认真思考,深入进行线上线下混合式教学,激发学生的学习兴趣,融入课程思政要素,让学生在专业知识学习的同时,提高爱国情怀和职业素养。

《平法识图与钢筋计算》是一门理论性、综合性、实践性很强的土建类高职高专核心专业课程,由于疫情的影响,只能进行线上教学。这种远程教学方式给本课程的讲授带来了挑战,本节从线上教学学情分析、线上教学资源与教学设计、线上教学实践、线上教学师生互动、线上教学与课程思政、线上教学的思考六个方面介绍了本课程的"多维一体"的线上教学模式,经过数周的线上教学实践,提升了学生学习兴趣,取得了较好的教学效果。

以上线上教学案例获得 2020 年全国高职高专校长联席会议平台优秀"网上金课"案例,本书的介绍以期起到"抛砖引玉"的作用。

3.7 本章小结

为提高识图课程教学效果,结合高职土建类的实际情况,在识图课程教学过程中引入信息化技术,将信息化技术与传统的课程教学有机融合是十分必要的。本章首先介绍有限元软件、结构设计软件、Revit 软件、ProStructures 软件和 SketchUp 软件等信息化技术应用于识图教学,其次介绍了智慧职教慕课、职教云和学银在线教学平台在课程教学中的应用,再次介绍了课程微信公众平台的建设与应用情况,最后介绍了信息化教学应用案例与线上教学实施案例。

通过本书作者在深圳信息职业技术学院和云南经济管理学院的具体实施,结果表明:将信息化技术引入识图课程教学,可以进一步促进学生的自主学习能力、协作能力、专业知识能力的全面发展,不仅是课程教学本身的需要,更是培养高素质技术技能型专门人才的需要。

第四章
课程资源建设

4.1 引言

《平法识图与钢筋计算》课程具有理论性、综合性和实践性强的特点，一方面学生没有接触过实际工程、结构体系、构件选型和连接节点构造设计等内容，仅通过课堂讲解显得较为抽象，另一方面，本课程与实际工程联系紧密，工地现场参观实习经费投入过大，且只能了解工程的局部和某一时段的情况，不便于整体把握。现行平法图集基本都是平面的钢筋构造图形，由于学生立体空间感不强，对图纸中以平面图表示的实体不容易想象。

鉴于此，学生对于这门课程感到困难，甚至出现厌学情绪。如何提升学生的学习兴趣，如何能给到学生最有效的课程资源是能否获得满意的教学效果的关键问题。本章基于教学团队近十年来在《平法识图与钢筋计算》课程建设实践，具体介绍课程资源建设思路、课程教材建设、钢筋三维数字模型建设、动画与视频资源开发、工程案例资源建设以及识图软件平台建设方面的做法，以期为相关同行朋友提供参考。

4.2 课程资源建设思路

针对本课程，教学团队建立了系统、完整、科学的教学资源，包括课程教学大纲、教学内容、授课计划、教学课件及电子教案，作业与测试题库等常规教学资源，还包括课程教材建设、钢筋三维数字模型建设、动画与视频资源开发、工程案例资源建设以及识图软件平台建设，且课程内容每年持续更新，以下简述各资源建设思路。

（1）课程教材建设：结合课程建设成果，编制立体化教材，正规出版社出版，扩大课程建设成果的影响。

（2）钢筋三维数字模型建设：基于三维设计软件，针对复杂的钢筋标准构造建立三维模型，可任意旋转观看。

（3）动画与视频资源开发：利用各种软件技术开发从构件受力特性到整体结构受力特点、从钢筋标准构造到钢筋绑扎施工录像等全方位的"动"资源。

（4）工程案例资源建设：收集不少于5个实际工程案例的全套图纸，包含框架结构、剪力墙结构和框架－核心筒结构体系。

（5）识图软件平台建设：采购中望软件公司的EDUBIM识图教学软件和建筑工程识图能力实训评价软件。

4.3 课程教材建设

教材是把教育思想、观念和宗旨等转化为教育实践的媒介，是体现教学内容和教学方式的载体，高职教学改革的成果必须通过教材来具体反映。教材是实现教育目的的主要载体，高职教材的编写，更是体现高职教育特色的关键（赵居礼和王艳芳，2003）。开发具有高职特色的教材，对于实现培养目标，提高教育质量，推动高等职业教育的发展是至关重要的（杜国城，2021）。高职与普通高等教育在人才培养方面的目标不同，因此高职教材与普通高等教育教材也应有区别，高职教材以基础知识和基本理论"必需、够用"为度。考虑高职学生的实际学情，工程识图教学教材应多用工程案例钢筋绑扎案例图片，促进对概念方法和钢筋标准构造的理解，要注意使读者掌握基本概念和结论的实际意义，掌握基本方法，把重点放在概念、方法和结论的实际应用上，中间理论公式推导过程则力求简洁。

本书第一作者和第三作者分别在哈尔滨工程大学出版社和上海交通大学出版社出版了《平法识图与钢筋算量》和《平法识图》两本教材，以下结合教材介绍课程相关教材的建设思路，以供相关同行在编制其他工程识图类教材时参考。

由本书前文论述可知，《平法识图与钢筋计算》课程内容丰富，具有理论性强、抽象性强和实践性强的特点，高职土建类学生往往具有一定的畏难情绪。课程主要依据国家现行的平法图集相关平法制图规则和钢筋标准构造进行教学，因此教材的编制主要依据混凝土结构施工图平面整体表示方法制图规则和构造详图（现浇混凝土框架、剪力墙、梁、板、现浇混凝土板式楼梯、独立基础、条形基础、筏形基础和桩基承台）（22G101-1~3）和《混凝土结构设计规范（2015年版）》GB 50010-2010、《建筑抗震设计规范（2016年版）》GB 50011-2010等规范和标准进行编写。

尧国皇（2023）主编的《平法识图与钢筋算量》教材内容丰富，针对高职学生的实际学情，在教材内容方面做到图文并茂，语言通俗易懂，内容实用，重点突出，理论与实践并重，并配有一定数量的作业思考题。该书并不想把22G101-1~3图集上所有的制图规则和构造详图照搬进来，而是将图集中最基本的、最重要的、最不易理解和掌握的内容进行重点讲解，期望能达到"授人以渔"的效果。

该教材在建设过程中，将教学研究相关成果融入教材的编制是它的另一特点。该教材第一作者从2015年起一直在《平法识图与钢筋算量》课程教学方面进行改革和探索，从对高职学生学情分析和实际认知规律入手，教材的编排先介绍柱梁板平法识图与钢筋构造，最后再介绍基础平法识图与钢筋构造，改变了以往相关教材从基础识图讲起的编排顺序。在教学过程中还采用BIM技术、钢筋模型教具、有限元仿真模拟等多种方法融入该课程的教学，相关的教学研究得到了广东省教育厅教育教学改革与实践项目、中国职业技术教育学会教改课题、粤高职土木建筑和水利教指委重点项目、深圳信息职业技术学院校级教育教学改革与实践项目、深圳信息职业技术学院校级课程思政示范课程、教学名师和团队建设项目的支持。

　　教材编制过程中，充分利用建筑信息模型技术和互联网技术，利用二维码将课件和钢筋三维模型动画链接到教材中。该教材中用"小知识"环节在特定的部分加入了一些小故事和小知识，蕴含课程思政元素的内容。教师可以加以发挥，读者可以深入体会和感悟。目前该教材已由哈尔滨工程大学出版社出版，2023年第一次印刷，2024年进行第二次印刷。

　　基于本书第一和第四作者长期指导高职院校技能大赛建筑工程识图赛项的相关经验，在教材章节中用"特别提示"或者"特别思考"等字样处，将对钢筋标准构造有不准确理解之处进行进一步解释，这也是"以赛促教"的一个体现。

　　金志辉（2019）主编的《平法识图（修订版）》教材识图内容包括钢筋混凝土结构常见的构件，主要按力的传递顺序进行编写，有基础构件（独立基础、条形基础、筏形基础、桩基础）、柱构件、梁构件、板构件、楼梯构件，由于剪力墙包括了柱构件、梁构件的内容，所以这部分内容安排在最后。参考钢筋工作过程，以项目导向和任务驱动的方式进行识图、算量、下料、绑扎的教学，从而理解结构设计意图。为了适应建筑工业化的发展要求，融入了装配式建筑的识图内容。

　　教材注重提高学生的动手操作能力和培养学生的创新创业意识。提供了两套不同结构类型的结构施工图供全面识图和算量的基础上，特别设计了10个构件的实训说明书，并且用SketchUp软件创建了三维电子模型，然后用铁丝制作了64种构件的实物模型。推荐了中央电视台《我爱发明》栏目中建筑工程新材料、新工艺和新设备的发明和创造，引导学生进行创新创业。

　　教材充分利用建筑信息模型技术和互联网技术，通过二维码把相应的彩色图片、照片、图纸、动画、视频和三维电子模型融入教材中，手机扫描二维码或者关注微信公众平台能打开和分享所链接的电子资源，能实现传统授课方式与微课和慕课的有效结合。这样的云教材具有以下优势：

　　（1）把传统的纸质教材和互联网技术结合在一起，推动基于手机端用户的云教材发展。

　　（2）通过二维码打开储存在网络上的电子资源，增加了教材的内容，从图文并茂升级为有声有色。

（3）通过更新网络上的电子资源，可实现对教材内容的实时更新，提高教材使用效率，克服教材因为编写时间长，或者是再版周期长导致内容落后的不足，在不改变二维码链接地址的情况下可以修改和补充电子资源的内容。

（4）通过微信的打开和分享功能，把相应的知识分享到微信朋友圈和QQ空间，加速知识的传递。

（5）创建微信公众号配套教材一起使用，方便教师发布资讯、答疑和互动。扩大受教育的群体，本校学生毕业后不使用教材还可以继续学习，其他院校的学生乃至行业从业人员也可以参加学习，突破了时间和空间的限制。

（6）利用这种方式，把传统的教学方式与微课和慕课结合在一起，实现混合式教学，满足不同学员的学习需求，提高教学效率。

（7）通过网络后台的统计管理，教师可以了解学生的学习情况，同时为调整教材内容提供可靠的依据。

与教材配套的微信公众平台分享了1000多个教学资源，含房屋建筑、道路桥梁和钢结构，不仅适用于高职土建类专业，包括智能建造技术、建筑工程技术、建设工程管理等专业，而且也适用于应用型本科院校土木类专业，包括建筑学、土木工程、工程造价、工程管理相关专业。教材自2019年出版以来，修编一次，截至2023年11月，累计发行6233本。

以上两本教材均基于国家现行的平法图集相关平法制图规则和钢筋标准构造进行编制，但侧重点有所不同，目前均被多所本科院校和职业院校土建类专业进行工程识图课程教学时采用，效果良好。本节的相关论述不介绍教材的具体章节和内容，仅供教师同行朋友在编制相关教材时提供参考。

当然，要提高高职教材的建设水平并不是一件容易的事，教材建设不仅是教师长期教学经验的积累，更是新理论、新技术、新工艺、新装备、新材料相关研究成果的反映。正如周慧玲（2021）在"高职管理类课程以"做"为中心开发活页式教材探析"一文所写到的：教材的应用是集理论与实践、线上与线下、专业与思政、做人与做事于一体的教学模式，既考虑了学生的技能培养，又考虑了学生的可持续发展，通过"有形"内化获取"无形"的提升,这种适应专业群教学、满足因材施教、促进全面培养的开放式教材开发,不但具有实践价值,而且更具现实意义。

因此,加强教材建设是一个长期的过程,不可能一蹴而就,需要教师、行业专家、企业工程师共同参与,才能开发出真正具有高职特点、符合高技能人才培养要求的高职教材。

4.4 钢筋三维数字模型建设

在混凝土结构施工图识图中,力求通过观摩施工现场,利用现场工地钢筋绑扎图片、实验室内实体钢筋教学模型和钢筋算量软件的三维电子模型来辅助教学。但这些都有一定的局限性,施工现场具有一定的时空限制,考虑安全因素,不便于带大量的学生到现场观摩。现场的钢筋网和钢筋笼在模板等其他设施的遮挡下,拍出的照片和视频比较混杂,难以区分主体。实验室内的教学模型制作成本高,数量有限。钢筋算量软件虽然能快速创建常见构件的钢筋三维电子模型,但是难以形成特殊构造的三维模型,并且视觉效果不是很逼真,旋转查看不自如。

Google SketchUp 8 是直接面向设计方案创作过程的一个 3D 设计软件,在一个视图环境里进行旋转模型,但是却可以形成 6 种标准视图、3 种透视图和任意方位的实时断面图和剖面图,其创作过程不仅能够充分表达设计师的思想而且完全满足与客户即时交流的需要,它使得设计师可以直接在电脑上进行十分直观的构思,是三维建筑设计方案创作的优秀软件。该软件还可以导入和生成多种格式的二维图形和三维模型,便于与其他软件进行数据共享。该软件还兼容多种插件,通过建筑插件可以设置参数自动生成门窗、栏杆、楼梯等常见构件。

用 Google SketchUp 8 软件创建了柱的 4 种插筋、5 种变截面变钢筋、4 种等截面变钢筋、5 种柱顶构造的三维电子模型,通过软件的图层、贴图和旋转等动能,直观地辅助钢筋混凝土柱结构施工图识图。图 4-1 所示为典型钢筋混凝土柱构件钢筋与节点构造三维模型。

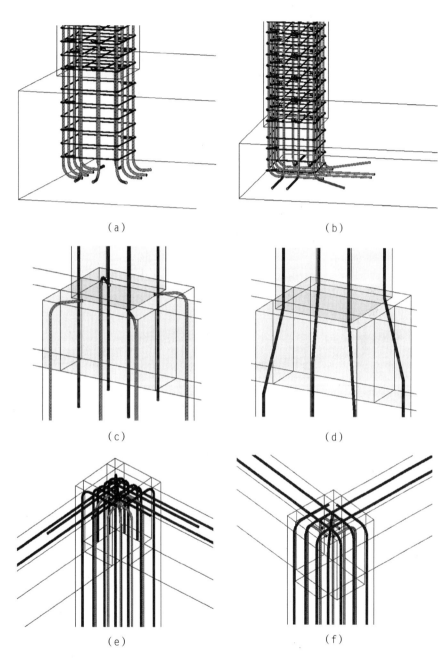

图 4-1 典型钢筋混凝土柱构件钢筋与节点构造三维模型

用 Google SketchUp 8 软件创建钢筋混凝土框架梁 4 种端支座构造、6 种中间支座构造、8 种悬挑构造、2 种吊筋构造和基础梁 2 种中间支座构造的三维电子模型。通过软件的图层、贴图和旋转等功能，直观地辅助钢筋混凝土梁结构施工图识图。图 4-2 所示为典型钢筋混凝土梁构件钢筋与节点构造三维模型。

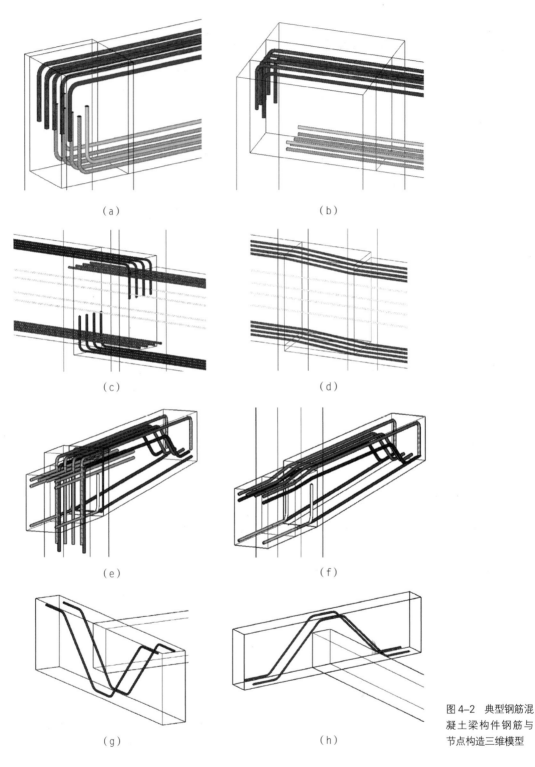

图 4-2 典型钢筋混凝土梁构件钢筋与节点构造三维模型

利用 Google SketchUp 8 软件创建平法图集 11G101-1~3 中混凝土结构

施工图平面整体表示方法制图规则和构造详图中的基础和板构件的典型节点的三维电子模型,通过软件的旋转、图层、贴图等操作,能直观地辅助钢筋混凝土结构楼板和基础钢筋施工图识图。图4-3所示为典型钢筋混凝土板构件钢筋与独立基础钢筋构造三维模型。

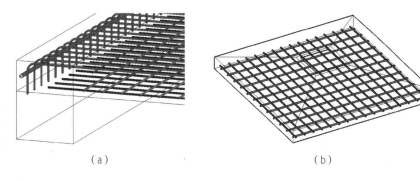

图4-3 典型钢筋混凝土板构件钢筋与独立基础钢筋构造三维模型

4.5 动画与视频资源开发

工程图片展示效果不直观,只能看到钢筋构造的一面,难以反映钢筋构造的细节;钢筋构造缩尺实物模型是非常好的教学手段,但由于实物模型数量有限,也很难反映图集上众多钢筋连接和节点构造。这门课程的教学内容"表面上看"是讲授结构施工图的制图规则和构造详图,实际上这些规则和构造的掌握都应该建立在力学概念清晰的基础上。为了让学生能够更好地理解典型钢筋混凝土构件的受力性能及各部位钢筋的受力情况,亦开发了典型构件的受力过程动画,通过受力分析结果的动画演示能加深学生们的印象。为提高学生对这门课程的学习兴趣,教学团队建立了一套基于兴趣的教学模式,该模式教学手段中的钢筋绑扎工地视频是必不可少的,这些视频课件是课堂教学中最受学生欢迎的环节。综上所述,《平法识图与钢筋计算》课程急需改进现有的单一讲授的教学方法,增强学生的主动学习意识。

为提高《平法识图与钢筋计算》课程的教学效果,研究开发了基于国家建筑标准设计图集《混凝土结构施工图平面整体表示方法制图规则和构造详图》中钢筋构造的动画和视频课件。课件的研发以标准图集中制图规则和钢筋标准构造详图为基础,用三维动画的形式演示了钢筋的排布、连接、锚固构造和典型钢筋混凝土构件的受力过程，用工地视频录像的方式展示了典型混凝土构件的钢筋绑扎过程。这些课件的研发和应用，形象生动地展示了混凝土构件中钢筋构造细节，激发了学生对本课程的学习兴趣，取得了较好的教学效果。

4.5.1　课程动画课件开发总体思路

本课程讲授的国家建筑标准设计图集 22G101-1~3 中混凝土结构施工图平面整体表示方法制图规则和构造详图，主要包括现浇混凝土框架、剪力墙、梁、板、楼梯和基础构件的平法制图规则和标准构造详图两个部分。由于《平法识图与钢筋计算》课程具有理论性和实践性强的特点，这些恰恰是高职学生的弱项，这也是本书开发的这套动画和视频课件的初衷。

课程动画课件的开发总体原则为："站在学生的角度""以学生为主体"和"符合高职学生的认知规律"。以此，确定了本课程动画课件开发的总体思路如下：

（1）对于平法制图规则部分，运用平法钢筋软件，以相对"静态"的动画总体展示各典型混凝土构件中钢筋的位置和形状；

（2）对于钢筋标准构造详图部分，采用 ProStructures 软件建立三维钢筋骨架模型，通过旋转、方法、渲染等方式来展示钢筋的连接、排布和锚固要求，并用录屏软件制作成动画，实现重点展示构件钢筋构造的细节构造；

（3）对于典型钢筋混凝土构件的受力过程，采用三维有限元软件进行建模和分析，将计算过程保存为动画格式；

（4）对于钢筋绑扎的施工视频，利用本专业的校企合作资源和本专业已经毕业的学生在工地进行录制，在合适的时候，还可以和在施工现场的往届学长进行视频连线，学生们更具"身临其境"的感觉。

4.5.2　平法制图规则动画实现

本课程讲授现浇混凝土框架、剪力墙、梁、板、楼梯和基础结构施工图平法制图规则，由于各构件的受力特点各异，使得这些构件在钢筋的平法制图规则方面也表现出较大的差异性。由于高职在校学生力学基础相对薄弱、空间想象能力欠缺和没有实际项目的工程经验，往往较难理解平法图集中制图规则要表达的内容及内涵。

因此，有必要开发钢筋平法制图规则相关的动画用于学生辅助学习。为了说明开发思路，以下以梁钢筋的平法制图规则的动画为例，来介绍动画方案的实现。由于梁构件的受力复杂，使得梁构件钢筋种类繁多，以往的教学过程中，学生们对梁构件制图规程中各钢筋的名称、所处位置和作用不易明白，根据国家建筑标准设计图集 22G101-1 中典型的钢筋混凝土梁的钢筋组成，借助实训室的三维平法钢筋软件，建立了钢筋混凝土梁钢筋三维模型，如图 4-4 所示。

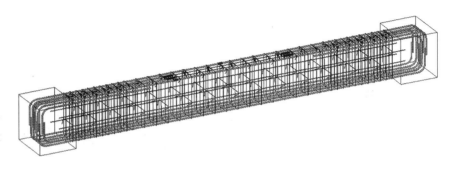

图 4-4 典型钢筋混凝土梁钢筋三维模型

按照一般的认识规律，先出现梁支座，然后逐步增加梁上部纵筋、梁下部纵筋、梁上部架立钢筋、梁侧面纵向钢筋、梁箍筋（加密区和非加密区）和梁拉筋。图 4-5（a）～（g）所示为梁构件各钢筋的逐步增加过程，各种钢筋用不同的颜色区分显示（在本书中以灰度深浅表示），依顺序逐次飞入视野，并对完成的钢筋三维模型进行一定角度的旋转。在每一个步骤，教师结合钢筋名称来介绍各钢筋在梁构件受力方面的"贡献"以及图集中的注写方式和制图规则，这样一一对应去讲解，获得了良好的教学效果。

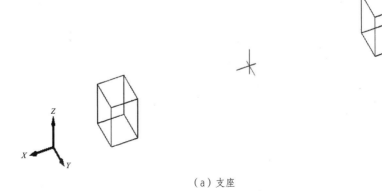

图 4-5 钢筋混凝土梁构件钢筋三维动画

（a）支座

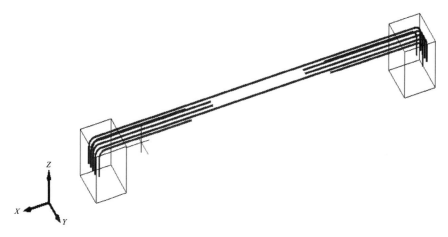

(b) 增加梁上部纵筋

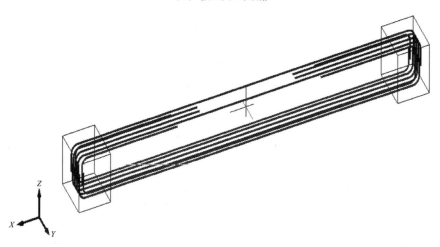

(c) 增加梁下部纵筋

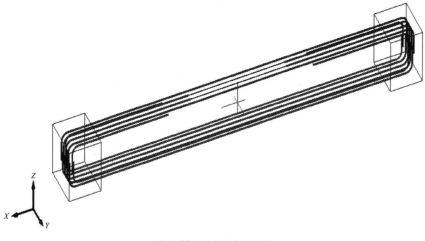

(d) 增加梁上部架立钢筋

图 4-5 钢筋混凝土梁构件钢筋三维动画（续）

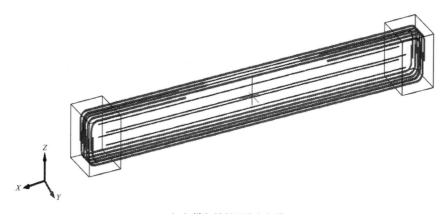

(e)增加梁侧面纵向钢筋

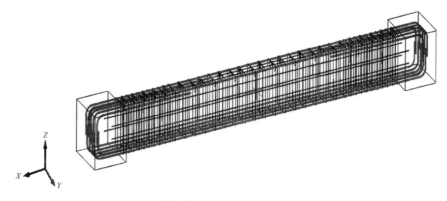

(f)增加梁箍筋(加密区和非加密区)

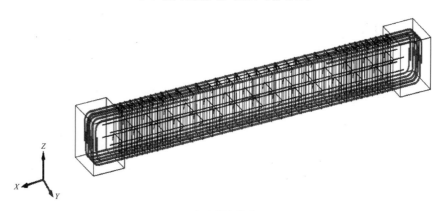

图 4-5 钢筋混凝土梁构件钢筋三维动画(续)

(g)增加拉筋

4.5.3 钢筋构造详图动画实现

在钢筋平法制图规则掌握的基础上,钢筋的构造又是另一难点。本课程涉及多种构件、节点的配筋和构造详图,如果依靠传统的平面示意图,加大了理解上的难度和复杂性，采用仿真软件的方式可以使学生快速达到对相关构件配筋形式的理解。按照课件开发思路，采用 ProStructures 软件建立三维钢筋骨架模型，通过旋转、方法、渲染等方式来展示钢筋的连接、排布和锚固要求，并用录屏软件制作成动画，实现重点展示构件钢筋构造的细节构造。

平法图集中的钢筋构造是现行《混凝土结构设计标准》和《建筑抗震设计标准》中条文的图形表达，节点构造图形背后蕴含了力学知识与施工要求，通过软件建立三维钢筋骨架模型，可以将平面图形三维可视化，"所见即所得"，十分有助于学生们对钢筋构造知识点的理解和掌握。图 4-6 所示为教学团队开发的典型钢筋节点构造动画截图。

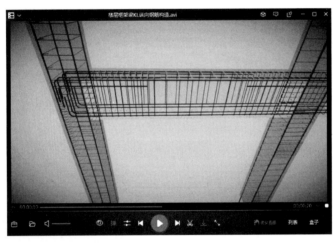

（a）框架梁及梁柱节点构造

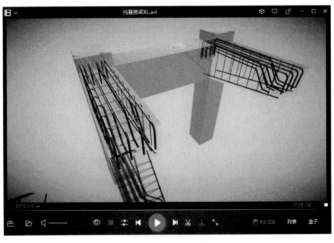

（b）纯悬挑梁钢筋构造

图 4-6 典型钢筋节点构造动画截图

为了进一步提升学生们的动手能力，我们在教学过程中，给学生分组布置了采用 ProStructures 软件建立课程的教学过程中梁、板、柱、剪力墙和楼梯的钢筋构造节点三维模型，极大地提高了学生的学习兴趣，学生们不仅学会了软件，同时也提高了团队合作能力和动手能力。

4.5.4 典型构件的受力动画实现

本课程涉及多种钢筋混凝土构件的平法制图规则和构造详图的教学内容，如果学生对其受力特点不明确，便不易理解其规则和钢筋构造。在讲授构件的受力特点时，如果依靠传统的力学示意图，会加大理解上的难度和复杂性，因此采用有限元仿真动画的方式可以使学生快速达到对相关构件力学机理的理解。本课程采用有限元仿真软件，模拟典型钢筋混凝土构件的受力及破坏过程，并形成构件变形过程动画、应力发展动画和应变发展动画，这些动画激发学生的学习兴趣，加深了记忆，提高了教学质量。

图 4-7 所示为典型钢筋混凝土柱受力全过程的仿真模拟，通过应力云图讲解受压构件在受力过程中的混凝土，学生容易理解。课程建设过程中，利用有限元仿真软件，建立了钢筋混凝土轴压柱、偏压柱（包括大偏心受压和小偏心受压）和受弯构件等典型钢筋混凝土构件的受力过程仿真视频，建立了构件受力过程仿真视频库，同时建立了钢筋混凝土典型构件施工图片库用于课程教学，利用这些具体的事例对一些抽象概念进行说明，从而把一些抽象的知识、原理简明化、形象化，可以帮助学生加深对知识、原理的认识和理解。

 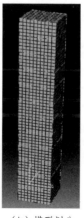  

（a）有限元模型　　（b）模型划分　　（c）钢筋变形形态　　（d）钢筋应力状态

图 4-7　典型钢筋混凝土柱受力全过程的仿真模拟

采用有限元软件仿真分析的优势在于：可以同时进行弹性分析和弹塑性分析，可以展示构件正常工况直至破坏时的受力状态，十分有利于让学生明白各部件在构件中的"贡献"，对学生理解钢筋构造很有帮助。同时，本课程还采用三维结构分析软件建立了典型结构的受力分析模型，很方便展示各构件的轴力分布图、弯矩分布图（图4-8）和剪力分布图，并利用软件的功能形成动画课件，学生可以看到荷载的逐步施加结果。通过对整体结构中构件的内力图的演示和讲解，学生们更容易理解受压区、受拉区、反弯点等力学概念，有助于对本课程知识点的理解。

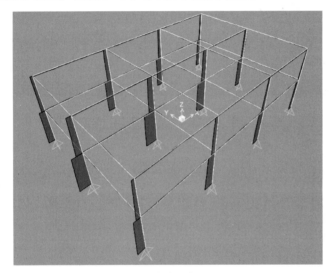

（a）轴力分布图

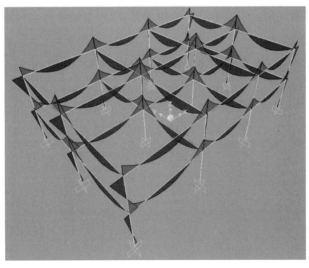

（b）弯矩分布图

图 4-8　典型钢筋混凝土框架内力图

4.5.5 典型构件的钢筋绑扎工地视频动画实现

利用本专业的校企合作资源和本专业已经毕业的学生在工地现场进行录制,在合适的时候,课程教学过程中还可以和在施工现场的往届学长进行视频连线,此教学环节是上课时很受同学们欢迎的环节之一。在工地现场录制了钢筋混凝土梁、板、柱等典型钢筋混凝土构件的钢筋绑扎施工视频,建立了典型钢筋混凝土构件施工视频库(图4-9),并配合典型钢筋混凝土构件中钢筋的施工动画用于课程教学。将课堂教学与工程实际紧密结合,使得理论知识"学以致用",切实感受到理论学习的实际意义,促进教学效果的提高,激发了学生的学习兴趣。

钢筋混凝土板钢筋绑扎-1.mp4

钢筋混凝土板钢筋绑扎-2.mp4

钢筋混凝土梁钢筋绑扎-1.mp4

钢筋混凝土梁钢筋绑扎-2.mp4

钢筋混凝土楼板浇筑.mp4

钢筋混凝土楼梯钢筋绑扎.mp4

钢筋混凝土柱钢筋绑扎-1.mp4

钢筋混凝土柱钢筋绑扎-2.mp4

钢筋配置视频解说.wmv

图4-9 典型钢筋混凝土构件施工视频库

4.6 工程案例资源建设

工程案例教学方法目前在以工科为主的课程教学中被广泛应用,其主要特点是针对实际的工程问题,将解决工程问题所需要的理论知识与实践相结合,老师布置、学生主动参与项目案例,最终让学生掌握理论知识的同时，培养其解决工程问题的能力，达到教学目的。

由于《平法识图与钢筋计算》课程具有实践性强的特点，因此在课程资源建设时，将实际工程案例的图纸用于建筑结构施工图教学是必不可少的环节。表4-1给出了教学团队搜集到的6套完整的实际工程图纸，包括了钢筋混凝土框架结构体系、钢筋混凝土框架-剪力墙结构体系、钢筋混凝土剪力墙结构体系、钢筋混凝土框架-核心筒结构体系等钢筋混凝土主要结构体系，用于课程的理论教学、实践教学和技能大赛集训，取得了良好的教学效果。

表 4-1 典型的工程案例

序号	工程项目名称	结构体系	工程概况
1	平山小学拆除重建九年一贯制学校建设项目	钢筋混凝土框架结构体系	平山小学拆除重建九年一贯制学校项目是由深圳市南山区教育局主管的建设项目，项目地块位于深圳市南山区桃源街道学苑大道与平山一路交会处东北侧，项目用地面积28397.78m²，总建筑面积63981.00m²，计容积率建筑面积50753.61m²，不计容积率建筑面积13227.39m²，容积率/规定容积率1.79/1.55，地上建筑面积41058.31m²，地下建筑面积22922.69m²，一级/二级建筑覆盖率47%。本工程包含教学楼、生活服务用楼、门卫室。结构设计使用年限50年，建筑结构安全等级：教学楼一级，生活服务楼、门卫房二级；基础安全等级：二级；地基基础设计等级：甲级；抗震设防类别：生活服务楼、门卫室为丙类，教学楼为乙类。抗震设防烈度7度
2	鹤鸣湖软件工厂项目-西地块	钢筋混凝土框架-剪力墙结构体系	项目位于陕西省西安市雁塔区，云水二路与云水三路之间，北临天谷九路，南临科技八路。设计工作年限：50年；建筑结构安全等级：二级；建筑抗震设防分类：标准设防类；抗震设防烈度：8度（0.20g）；场地类别：Ⅲ类；设计地震分组：第二组（0.49s）（等效剪切波速为240.61m/s，覆盖层厚度大于50m，按插入值计算所得）；抗震地段属一般地段。地基土液化：深度20.0m范围地基土的土层不液化。场地湿陷类型：非湿陷性黄土场地；地基湿陷等级：可按一般地区规定进行设计。抗浮设计水位：地下水水位埋深为6.4~12.2m，抗浮设计水位为399.00m

续表

序号	工程项目名称	结构体系	工程概况
3	深圳金地前海润峯府项目	钢筋混凝土剪力墙结构体系	项目位于深圳市南山区前海，听海大道西北侧，前湾四路东北侧、诚信三街西南侧。拟建物包括六栋超高层住宅塔楼，建筑编号分别为1栋A座～1栋F座，主屋面高度为75.85～105.70m；一栋41层的人才房，建筑编号为1栋G座，高度129.35m；塔楼周边设置有3层的裙房商业，高度15.70m；2层地下室，深度约7.10m。7栋高层塔楼采用剪力墙结构/部分框支剪力墙结构
4	深圳合正方洲科创广场项目	钢筋混凝土框架-核心筒结构体系	项目位于深圳市龙岗区龙腾工业区，圳埔岭社区内，龙岗大道东南侧，吉祥南路东北侧，爱南路西北侧。拟建物包括一栋46层产业办公楼（A），主屋面高度198.15m；一栋17层产业办公楼（B），高度73.20m；一栋3层营销中心，高度15.30m。塔楼周边设置有2层的裙房商业，高度9.90m。2栋高层建筑为产业办公塔楼，采用框架核心筒结构体系；其余多层营销中心，采用框架结构体系
5	深圳卓越·皇岗世纪中心项目二号塔楼	钢筋混凝土框架-核心筒结构体系	深圳卓越·皇岗世纪中心位于深圳市福田中心商务区，建成后将成为深圳市中心区的标志性建筑群，折射着该区域作为整座城市发展的核心地位和商务前沿。本项目位于深圳市福田区益田路与金田路之间，紧邻金田路，总建筑用地30667.7m²，总建筑面积424008m²，本项目主要由四座塔楼及裙房地下室组成，一号、二号、四号塔楼为超高层建筑，三号塔楼为高层建筑。裙房地面以上共四层，总高为20.5m，用作商业用途，总建筑面积约为4.6万m²。地下室共3层，地下三层地面标高-14.5m，总建筑面积约为87200m²，主要用于停车场，部分用于放置设备。二号塔楼建筑面积90000m²（不含避难层），主要包括办公、酒店和公寓，建筑物主体高度238m，高宽比为7.2，地上部分59层。核心筒部分及屋顶钢架高度升至260m（超B级），核心筒高宽比为17.3。工程的结构设计基准期为50年，塔楼的安全等级为二级，抗震设防烈度为7度，场地特征周期为0.35s，基本地震加速度为0.1g，建筑场地类别为Ⅱ类，抗震设防类别为丙类，设计地震分组为一组。二号塔楼的主体平面为矩形，由于建筑功能的需要，26层以上为酒店和酒店式公寓

序号	工程项目名称	结构体系	工程概况
6	厦门市海峡交流中心二期2号塔楼	钢筋混凝土框架－核心筒结构体系	该工程位于厦门市思明区会展北片区，建筑总高215m（大屋面高度为205m），共48层，1层层高为6.0m，2-5层为5.2m，设备层层高为4.5m，标准层层高为4.1m。建筑1～5层带局部裙房，建筑边长为44.6m。建筑第1～2层主要为大堂空间，第3～5层为商业用途，17层、33层为设备层，其他楼层为办公室用途。该塔楼整体的高宽比为215.0/44.6＝4.82，首层核心筒尺寸为19.2m×22.15m，核心筒高宽比为215.0/19.2＝11.2。工程的结构设计基准期为50年，建筑场地类别为Ⅱ类，塔楼的安全等级为二级，抗震设防烈度为7度，场地特征周期为0.45s，基本地震加速度为0.15g，抗震设防类别为丙类，设计地震分组为一组。塔楼的主体平面为方形

4.7 识图软件平台建设

基于教学团队的实际情况，在识图软件平台建设方面，主要是采购软件公司开发的识图软件。以深圳信息职业技术学院智能建造技术专业为例，采购了广州中望龙腾软件股份有限公司开发的EDUBIM识图教学软件和建筑工程识图能力实训评价软件，用于《平法识图与钢筋计算》课程的理论教学与实践教学。

EDUBIM识图教学软件应用于多种专业方向，建筑、结构、装饰、钢结构、装配式等专业均适用。不仅提供丰富的教学资源，更支持Revit文件解析，辅助资源二次开发。细部构造与建筑模型均支持三维模型和二维图纸的联动显示，使学生感知更加直观，识图能力有效提升。该软件的运行界面如图4-10所示，其建筑模块和结构模块的主要技术参数如下：

（1）软件端口：软件须具备两个客户端，一个用于编辑（以下简称编辑端），一个用于授课演示（以下简称演示端），且均可独立运行，使用软加密授权。

（2）教学资源类型：编辑端和演示端应含有相同教学资源，资源至少包括 630 个三维构造节点模型（含建筑构造节点及结构构造节点）、200 个装配式构造节点（定制开发）和 140 个识图教学的视频资源。

（3）三维构造节点模型资源：构造节点模型应包含建筑构造节点模型和结构构造节点模型，模型均以二维图纸和三维模型分层同步的显示方式。建筑构造节点模型至少应含基础、墙体、楼地层、屋顶、楼梯、变形缝等构造。

（4）识图教学视频资源：识图教学视频需具备配套的纸质出版教材。所有识图教学视频资源均应为教师原声讲解。视频教学内容需包含建筑施工图、结构施工图和综合识图。建筑施工图识图教学微课应包含：建筑投影知识、建筑制图规则、建筑构造；结构施工图基本识读应包含：平法制图规则、结构构造；综合识图应包括综合识图概述、建筑施工图综合识读和结构施工图综合识读。

（5）资源嵌入：编辑端应可以将建筑和结构构造节点资源添加到建筑模型当中；应可以嵌入识图教学视频、png/jpg 格式的图片和老师自有的视频资源；插入好资源后应可发布为可供演示端使用的教学案例文件。

（6）Revit 模型导入：编辑端应支持导入 Revit 创建的建筑模型且支持插入对应的 png/jpg 格式的二维工程图纸。

（7）显示模式：编辑端应提供不少于三种模型显示模式，包括着色、线框、消隐等。

（8）构件隐藏功能：编辑端应可以对模型的部分构件进行单独或批量的显/隐。

（9）演示端教学资源：演示端应可打开由编辑端发布的教学案例文件；也可直接查看内置的教学资源，资源数量应与编辑端一致。

（10）模型漫游：演示端应可以进入模型中漫游，了解建筑物详情。

（11）实时剖切：演示端应可以同时展示二维图纸和三维模型，且模型和图纸可以交互；可以对建筑物进行实时剖切，查看实时剖切效果。

（12）模型分离：演示端应可以直接控制建筑构件的显/隐，使结构构件可以独立显示。

（13）资源列表：演示端应可以以列表形式查看所有本案例涉及的资

源，包括二维工程图纸、构造节点模型、识图教学微课、图片和老师准备的视频资源。

（14）热点资源：演示端可以支持以热点的形式打开二维工程图纸和构造节点模型，可实现二维图纸与三维模型之间自由跳转。

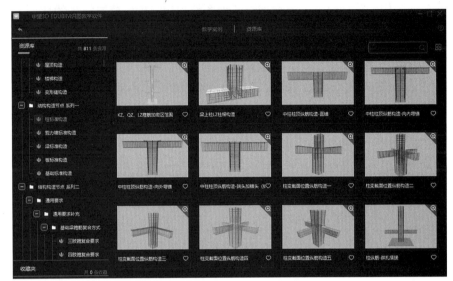

图 4-10 EDUBIM 识图教学软件运行界面

建筑工程识图能力实训评价软件构建客观公正量化的施工图识图能力评价体系，引入工程典型案例，系统培养学生的建筑施工图识图能力、结施图识读能力、设施图识图能力和图纸综合识读能力。该软件的运行界面如图 4-11 所示，其主要技术参数如下：

（1）软件架构：平台应为采用 J2EE 架构开发的 B/S 模式，主程序安装一台服务器即可，学生无需安装任何程序，通过浏览器即可在互联网或校园局域网模式访问系统完成学习。

（2）权限与角色：软件应具备管理员、老师和学生三种权限，可根据不同权限的账号登录软件，实现对不同角色的管理。

（3）批量创建账户：应具备批量创建管理员、教师、学生账号的功能，且支持对导入后的账户进行再次编辑、重置登录密码和学习积分调整功能。

（4）单项识图练习：学生权限下，应可在练习的题库中随意抽取题目进行答题，并提供可查阅当前知识点的学习链接，知识点学习链接不得少于 300 个。

（5）单项识图自我测试：学生权限下，应可应用系统自动生成的试题进行测试。

（6）综合识图自我测试：学生权限下，应提供整套的建筑施工图和结构施工图的图纸，学生可以识读图纸对对应题目进行作答。

（7）错题重做：学生权限下，单项识图自我测试和综合识图自我测试模块须具备重做错题功能。

（8）考试评价：学生权限下，单项考试评价和综合考试评价须具备答题情况保存、交卷、倒计时和查看未答题目的功能。

（9）题目收藏：学生权限下，应支持收藏题目的功能。

（10）基础知识：学生在系统内应可直接查看建筑专业部分相关规范。

（11）积分查询：学生在使用平台实训时应可根据训练、自测情况累积积分，并可查看自己在班级、年级和网络中的排名情况。

（12）答题详情：单项考试评价和综合考试评价后，教师权限下应可查询答题数据，应可查阅到答题的成绩、排名、正确率、平均答卷时间、平均每题用时。

（13）单项识图图纸：单项识图中图纸应包括建筑施工图、结构施工图、设备施工图，图纸数量不得少于 600 张。

（14）自建图库：单项识图应具有自建图库及试题的功能，支持导入 svg、svgz 格式的高清矢量图纸。

（15）综合识图图纸：综合识图图库中的工程案例，应包含居住建筑和公共建筑，案例的数量不得少于 10 套，应包含建筑和结构的施工图。

（16）单项识图试题：单项识图知识范围应包括建施图识读、结施图识读、设施图识读。按照题目所涉及的不同的知识应用能力来划分，至少包括建筑投影知识应用能力、建筑制图规则应用能力、建筑构造知识应用能力、平法制图规则应用能力、结构构造标准应用能力、给排水制图规则应用能力、电气制图规则应用能力。

（17）综合识图试题：综合识图试题以建筑工程图纸作为载体，围绕每套图纸设计两套试题，试题分训练卷和考核卷，每套试题不少于 70 道。

（18）学生端分析统计：学生权限下，应可以查看自己一段时间内答题正确率变化的趋势图，测试结束后可查看专项能力的评级、能力要素的正确率等。

（19）教师端考试统计：教师权限下，应可查看到学生考核后的考试信息，包括应考人数、实考人数、未考人数等，应可展示成绩分布的图表，并支持导出关于考核成绩的 EXCEL 表格。应可查看到考核后错题的排行榜。

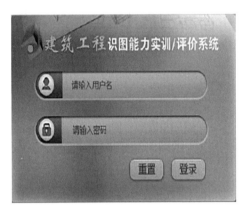

图 4-11　建筑工程识图能力实训评价软件运行界面

4.8　本章小结

本章基于教学团队近十年来在《平法识图与钢筋计算》课程建设实践，具体介绍课程资源建设思路、课程教材建设、钢筋三维数字模型建设、动画与视频资源开发、工程案例资源建设以及识图软件平台建设方面的做法。

本课程资源的研发和应用，形象生动地展示了混凝土构件中钢筋构造细节，激发了学生对本课程的学习兴趣，取得了较好的教学效果，使"教师为主导，学生为主体"的教学理念在深圳信息职业技术学院智能建造技术专业和建设工程管理专业课程中得以体现。

第五章

课程思政与劳动教育

5.1 引言

课程思政是指依托或思想政治理论课、专业课、通识课等课程而开展的思想政治教育实践活动。教育部教高〔2020〕3号文件《高等学校课程思政建设指导纲要》中指出："培养什么人、怎样培养人、为谁培养人是教育的根本问题，立德树人成效是检验高校一切工作的根本标准。落实立德树人根本任务，必须将价值塑造、知识传授和能力培养三者融为一体、不可割裂。全面推进课程思政建设，就是要寓价值观引导于知识传授和能力培养之中，帮助学生塑造正确的世界观、人生观、价值观，这是人才培养的应有之义，更是必备内容。"高职院校的专业课程主要培养学生的实用性技能，是课程思政建设的基本载体。作为专业课主讲教师，应该深入梳理专业课程教学内容，结合课程特点和价值理念，深入挖掘专业课程所蕴含的思想政治教育元素和所承载的思想政治教育功能，融入课堂教学各环节，选择适合的教学手段，实现思想政治教育与知识体系教育的有机统一，解决好专业教育和思政教育"两张皮"问题。

党的十八大以来，习近平总书记面向新时代，就"培养什么样的人"发表了一系列重要讲话，逐步形成人才培养的完整思想体系。全国教育大会首次明确提出要逐步形成"德智体美劳"全面发展的人才培养体系，明确将劳动教育与"德智体美"四育相并列。总书记着眼于学生核心素养的养成和落实立德树人的根本任务，指出要引导学生养成劳动习惯，树立劳动意识，崇尚劳动精神。党和国家多次强调要加强劳动教育，从战略高度分析劳动与开创中国特色社会主义新时代、实现中国梦的关系，明确提出"社会主义是干出来的、新时代也是干出来的、实干才能梦想成真"。2018年全国教育大会也再一次把"劳"字列入全面发展教育理念，明确提出劳动教育是培养更高水平人才的关键工程。高等职业教育以高素质技术技能人才培养为目标，加强劳动教育至关重要。高校以立德树人为中心，坚持培育和践行社会主义核心价值观，把劳动教育纳入人才培养全过程，以培养德智体美劳全面发展的社会主义建设者和可靠接班人。作为一名高职院校专业课教师，如何将劳动教育理念融入专业课的教学之中，是值得我们研究的重要问题。

《平法识图与钢筋计算》课程是高职土建类专业的一门重要专业课程，具有理论性强、实践性强和综合性强的特点，对于没有实际工程经验的在校学生有较大的难度。通过实际的学情分析发现，高职院校学生虽理论基础稍差，但动手能力较强，喜欢接触新鲜事物，喜欢操作。鉴于此，教学团队将建筑BIM技术引入教学。建筑BIM技术指应用软件创建并利用数字技术对建设工程项目的设计、建造和运营全过程进行管理和优化的过程、方法和技术，是一种现代信息技术。以往，关于BIM建模员证书的课证融合方面研究较多，主要是集中在BIM软件操作技能方面，而高职土建类工程识图课程的课程思政研究又主要集中在"思政元素"融入这方面，很少与BIM技术结合。在课程思政引领下，结合BIM技术，对高职土建类工程识图课程进行课程思政实施路径和融入劳动教育元素的研究少见案例报道。本章首先介绍基于BIM技术的高职《平法识图与钢筋计算》课程思政建设方面进行的一些探索，包括课程的课程思政建设目标、课程思政建设实施路径、课程思政元素融合和课程思政建设实施案例，然后介绍基于劳动教育的课程实训教学设计方案,并给出了课程思政试题样题和钢筋绑扎实训案例,本章有关课程思政建设思路可为高职土建类相关专业课的课程思政教学实践提供参考。

5.2 课程思政教学设计

5.2.1 课程思政目标

根据课程目标,确定本课程思政目标如下:

(1)依托建筑BIM技术,通过实施"课程思政",将思政元素有机融入课程教学中,在传授专业知识的同时引导学生增强"四个自信",厚植爱国主义情怀,促进落实立德树人。

(2)通过"课程思政"引导学生进一步明确学习目的、端正学习态度、激发学习热情,提高课堂教与学的质量,促进提升技术技能,提升学生建筑工程识图1+X证书通过率,提升学生参加建筑工程识图等技能大赛的成绩。

(3)培养职业伦理道德、职业价值观、职业规范等工程师职业素养。弘扬严谨认真、精益求精、追求完美、勇于创新的工匠精神。

在深入分析本课程思政建设重点、难点问题的基础上,结合上述课程思政教学目标,确定本课程思政建设模式如图5-1所示。

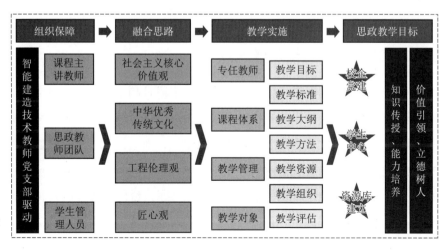

图5-1 本课程思政建设模式

5.2.2 课程思政建设思路与实施路径

本课程总体建设思路：根据本课程的课程思政目标，在进行课程思政时针对本课程特点、学生特点和课堂特点，优化课程设计。

本课程思政的设计拟遵循以下原则：

（1）紧贴教学内容，合理选择思政元素；

（2）紧贴学生特点，合理选择教学手段；

（3）紧贴课程特点，合理选择岗课赛证相融合的教学模式。

根据本课程思政的设计原则，确定课程思政建设的实施路径如图5-2所示。

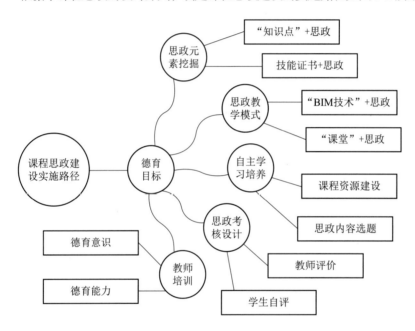

图 5-2 课程思政建设的实施路径

5.2.3 课程思政元素及融入点

随着社会经济的发展，学生获取信息的手段日趋多元化，这对当前的高校教育产生了巨大的影响。在《平法识图与钢筋计算》课程思政教学资源建设的过程中，注重多维度教学资源的建设，通过构筑多元、涵盖课内外的教学资源，以强化教学效果。通过对思政素材的收集、归集、选择、处理（图5-3），最终形成本课程的思政素材库，目前课程思政素材库主要是家国情怀、榜样力量、相关目标岗位的职业规范、职业道德、工匠精神、专业伦理等思政维度的素材。

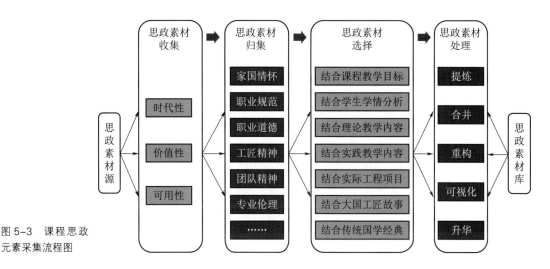

图 5-3 课程思政元素采集流程图

《平法识图与钢筋计算》课程蕴含丰富的工程伦理、社会责任、工匠精神、创新设计和国家政策方针等特色思政元素。授课过程中，将工程质量、安全、规范等学科价值观教育贯穿于其中，客观公正地分析实际工程案例，引起学生对建筑结构设计与施工规范的高度重视，同时宣传我国现代建筑科学技术方面的最新成果，融入智能建造、智慧工地、绿色施工和建筑工业化等概念，将课程教学内容与课程思政内容恰到好处地结合，激发学生的社会责任感和爱国主义情怀，落实"教书育人"职责。

结合《平法识图与钢筋计算》课程的课程特点，通过案例分析、专题讨论、软件动手操作、证书考试等的巧妙融入，突出岗位职责、创新精神、工匠精神、家国情怀、社会责任五个方面的思政主题。经过本课程主讲教师、建筑工程识图大赛指导教师、思政教师、学生辅导员、学生代表的共同商讨与研究，确定了课程思政元素与融入点，具体如表 5-1 所示。

表 5-1 课程思政元素及融入点方案

序号	课程框架	内容与知识点定位	课程思政元素及融入点
1	平法的基本知识	（1）钢筋平法定义及发展历程。 （2）建筑结构中力的传递路径	（1）通过讲授平法的发展历程，强调精益求精的科学精神，诠释中华民族不断创新的奋斗精神。 （2）通过讲述梁板之间、梁柱之间、柱与基础之间的"支撑与被支撑关系"融入"团结协作和相互配合"的岗位职责

续表

序号	课程框架	内容与知识点定位	课程思政元素及融入点
2	柱钢筋识图与计算	（1）框架柱纵向钢筋的连接构造。（2）框架柱钢筋构造	（1）手绘柱纵向钢筋连接构造图，树立严格遵守国家规范标准意识和严谨负责的工作习惯。（2）钢筋构造对建筑结构安全至关重要，通过案例使学生树立责任意识。（3）采用结构BIM软件，准确建立柱钢筋三维模型，通过软件操作，感悟工匠精神
3	梁钢筋识图与计算	变截面梁构件剖面图与截面图绘制	（1）在准确掌握梁钢筋构造基础上，手绘变截面梁剖面与截面图，诠释工匠精神的"精"与"严"。（2）采用结构BIM软件，准确建立梁钢筋三维模型，通过软件操作，感悟工匠精神
4	剪力墙钢筋识图与计算	剪力墙钢筋计算	结合建筑工程试图1+X考试内容，以小组为单位提交本部分作业，践行"蚂蚁军团"的协作精神，团队合作学习可使大家共同进步
5	楼梯钢筋识图与计算	楼梯钢筋构造	讲授楼梯钢筋构造时，引入汶川地震楼梯震害图片，树立工程技术人员社会责任意识和家国情怀
6	基础钢筋识图与计算	柱钢筋在基础中的锚固要求	（1）讲授柱钢筋在基础中锚固要求时引入"上海楼倒倒事件"，让学生感受基础对工程安全的重要性，培养学生的安全生产意。（2）采用结构BIM仿真分析软件，建立基础的三维模型，通过不同锚固情况下分析结果的演示，培养学生准确按照国家标准进行设计的"匠人意识"
7	知识拓展	（1）展示中国被誉为"基建狂魔"的超级工程、援外项目。（2）欣赏鲁班奖、詹天佑奖获奖的高层建筑作品	（1）树立学生的民族自豪感。（2）展示中国建筑追求精益求精、创新创造的精神

5.2.4 改革教学方法

要使《平法识图与钢筋计算》课程既有"思政课"味道，又没有"思政课"的痕迹，是一门技术，更是一门艺术，是对专业课任课教师思政教学能力的考验。合理的教学方法，有助于学生的参与、体验，从而提升学生对情感、态度、价值观的接受度。南宁师范大学郑小军教授发表的关于信息化教学设计系列论文中指出，适当发挥信息技术优势，有助于直击学习者"痛点、痒点、兴奋点"。为提高本课程思政教学效果并达成课程的思政教学目标，结合深信院智能建造技术专业的实际情况，在课程教学过程中大量地引入信息化技术，将信息化技术与传统的课程教学有机融合。

建筑 BIM 技术不仅是一项技术，更是一项全过程集成管理方法。国内高职院校的 BIM 基本停留在建模阶段，教学团队在本课程的教学过程中，把 BIM 技术融入传统课程的理论与教学中，"化抽象为具体""从二维图纸到三维图纸""从看得见到摸得着"，这样符合高职学生的认知特点。在课程思政目标的引领下，让学生感悟"工匠精神"，这种基于 BIM 技术在专业课程思政教学模式改革与实践研究在国内高职院校中尚少见报道。

本书第一作者在开发《平法识图与钢筋算量》教材的同时，建设智慧职教 MOOC 学院课程，在课程内容、课堂讨论、作业及作业点评中融入课程思政内容（图 5-4），实现线上教书育人。本课程创造性地将国学经典名句引入慕课课程，让同学们在欣赏经典名句的同时，感悟工匠精神、创新精神、家国情怀等。

[例题1]"凡事预则立，不预则废。"——出自《礼记·中庸》。
释义：不论做什么事，事先有准备，就能得到成功，不然就会失败。

[例题2]"苟日新，日日新，又日新。"——出自《礼记·大学》
释义：如果能够一天新，就应保持天天新，新了还要更新。它告诉我们要不断地更新自己，不断地创新自己，不断地超越自己，才能适应这个变化的世界，才能实现自己的价值和梦想。

（a）

（b）

图 5-4 慕课中的思政元素

5.2.5 优化课程考核方法

随着课程思政的改革，教学目标发生了改变，课程效果评价标准也要随之发生改变，不仅涉及课程专业知识和专业能力，还应关注学生价值引领相关的内容。课程考核是一个全面、综合的、动态的过程。对于《平法识图与课程思政》课程，平时成绩占 40%，期末考试成绩占 60% 的方式。其中，平时成绩的考核除了常规的考勤、作业外，还增加了学生的德育考核，包括课堂表现（主要为课堂纪律和课堂回答问题情况）和思政目标两方面考核内容，见表 5-2。

表 5-2　课程考核中平时成绩考核内容

项目	考勤	作业（BIM 钢筋建模或钢筋绑扎骨架模型）	课堂纪律	课堂回答问题情况	思政目标
占比	10%	10%	5%	5%	10%

5.3　基于 BIM 技术的课程思政教学实施案例

如前文所述，对于《平法识图与钢筋计算》课程教学，借助于 BIM 软件，建立工程整体建筑结构 BIM 模型、局部构造模型、结构三维钢筋模型和局部节点的三维钢筋模型，激发学生学习兴趣，感悟"工匠精神"。钢筋混凝土梁构件的钢筋平法识图是本课程重点内容和难点内容，梁受力原理抽象、平法规则繁多、钢筋构造复杂。学生不易理解钢筋混凝土梁构件中钢筋的布置原则，且没有结构抗震理论知识，难以理解钢筋混凝土梁构件的钢筋抗震构造要求，较难将传统钢筋二维形式的构造图集转换为实际三维空间钢筋模型。

Revit 软件是专为建筑信息模型构建的，可帮助建筑设计师设计、建造和维护质量更好、能效更高的建筑，该软件建模方便，可以建立三维建筑模型和三维结构模型，并能自带钢筋族。利用 Revit 软件的钢筋三维建模、可视化和渲染功能，可方便用于《平法识图与钢筋计算》课程中钢筋构造的学习，以下以变截面钢筋混凝土梁钢筋构造为例进行说明。

变截面钢筋混凝土梁的钢筋构造是梁钢筋构造学习的难点，对于梁中间支座变截面的梁，22G101-1 图集在第 93 页给出了钢筋构造，学生比较好理解。对于实际工程中出现的在梁跨中变截面的情况,学生却束手无策,尽管在18G901-1《混凝土结构施工钢筋排布规则与构造详图》这本图集第43页给出了跨中变截面梁钢筋排布构造详图,但由于图集中给出的节点构造是二维平面图,加之学生本身对这个构造不熟悉,对这类钢筋构造的较难准确掌握。教学过程中,借助于Revit软件强大的三维建模和渲染功能,让学生动手建立了一实际工程中的跨中变截面钢筋混凝土梁的钢筋三维模型,通过指导学生不断修改和完善模型,完成最终正确的模型。表5-3给出了学生对这个钢筋模型的建模过程。

表5-3 学生对变截面钢筋三维模型的建模过程

序号	修改记录
初始模型	初始模型
第1次修改	高处上部纵筋全部弯折下来,从低梁顶处起算,至弯折长度达l_{aE},低梁上部纵筋全部伸入高梁内l_{aE}
第2次修改	低梁与高梁上部纵筋由全部锚入改为集中标注中的三根锚入,其余从柱外侧伸出$l_n/3$和$l_n/4$
第3次修改	删除和本变截面梁无关的其他梁模型
第4次修改	高梁内的腰筋伸到低梁内
第5次修改	高低交界处部分,箍筋按加密布置,加密区长度1000mm

在这个过程中,学生一方面越来越准确理解变截面梁的钢筋构造,另一方面对BIM软件的操作技能越来越熟练。图5-5为学生采用BIM软件建立的各个模型,模型每次修改前,让学生们自行去思考问题在哪里,该如何进行修改,教师只起到引导的作用,充分发挥学生的主观能动性。通过这个实施案例,学生们对严格按国家图集进行施工的工程意识体会更深,一遍一遍地完善模型的过程中磨炼了自己的意志,培养了学生的动手能力和"工匠精神"。

结合《平法识图与钢筋计算》课程理论性、综合性和实践性强的特点,课程团队通过课程思政教学设计和融入思政元素的多元化课程评价模式,依托建筑BIM技术,将思政教育与专业技术学习有机融合,取得了较好效果。该课程已被成功立项为深圳信息职业技术学院校级"课程思政"示

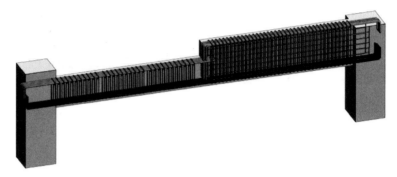
(a)初始模型

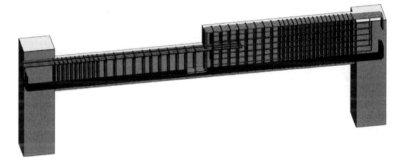
(b)第1次建立的梁钢筋模型

(c)第2次建立的梁钢筋模型

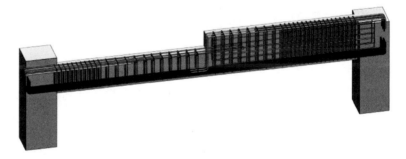
(d)第3次建立的梁钢筋模型

图 5-5 学生建立的复杂钢筋模型

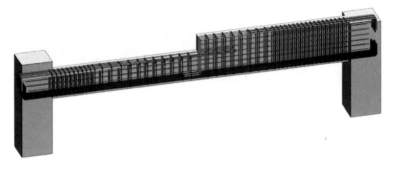

(e) 第4次建立的梁钢筋模型

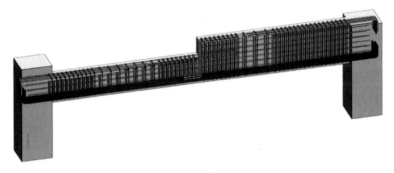

(f) 第5次建立的梁钢筋模型

图 5-5 学生建立的复杂钢筋模型（续）

范课程，并已开发了融入思政元素的《平法识图与钢筋算量》教材。

高职专业课教学在"课程思政"的积极推动下，使专业知识与思政元素自然而然地融合，把课程思政教学目标渗透到教学实践的各个环节。教学过程中将信息化技术引入专业课程教学，激发学生的学习兴趣，让学生在学习知识技能的同时提高自己的思想道德修养，潜移默化地将思政教育内化于心，"润物无声"，以将"立德树人"和"教书育人"有机融合。本书的有关方法可为高职土建类其他专业课的课程思政教学实践提供参考。

5.4 课程思政试题样题

基于本书 5.2 节至 5.3 节关于《平法识图与钢筋计算》课程课程思政教学设计相关思路，教学团队设计了本课程的课程思政试题样题，共 30 道题，包括判断题 5 道、单项选择题 10 道、多项选择题 7 道和审图题 8 道，涉及传统文化、工匠精神、职业道德、工程伦理、新技术、新工艺和大国工匠等相关思政元素，供相关教师同行参考。

一、判断题（共5题）

1. 识图和钢筋算量，需要了解相关长度单位，常用的长度单位有米尺（又称公尺，1米=100厘米=1000毫米），还有中国的市尺（1丈=10尺=100寸），如图5-6所示，1市寸约等于3.3厘米，3市寸等于10厘米。（   ）

图5-6　判断题1图

2. 钢筋的锚固类似于木结构的榫卯原理，如图5-7所示，是充分利用榫卯结构的益智玩具鲁班锁（孔明锁），现代的钢筋混凝土结构和钢结构也可以吸取木结构的精华。（   ）

图5-7　判断题2图

3. 碳纤维复合筋如图5-8所示，具有重量轻、强度大、韧性好、耐腐蚀的优点，但也具有价格贵、难加工的缺点，目前只在特殊项目中使用。（   ）

图5-8　判断题3图

4. 平面整体表示方法由原山东大学教授陈青来老师发明。（   ）

5. 1991 年 10 月，平法首次运用于济宁工商银行营业楼。（   ）

二、单项选择题（共 10 题）

1. 中国建设工程鲁班奖（国家优质工程）是中国建筑行业工程质量的最高荣誉奖之一，每两年评选一次，每次获奖工程数额不超过 240 项，图 5-9 中哪个是鲁班奖杯？（   ）。

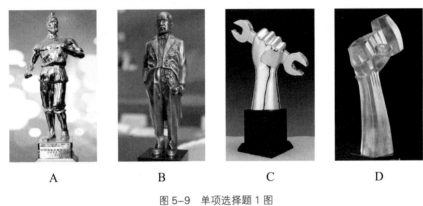

图 5-9　单项选择题 1 图

2. 詹天佑奖是住房城乡建设部认定的全国建设系统工程奖励项目之一，科技部首批核准的科技奖励项目，也是中国土木工程领域工程建设项目科技创新的最高荣誉奖之一，图 5-10 中哪个是詹天佑奖杯？（   ）。

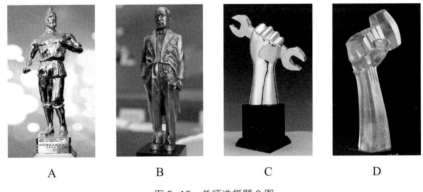

图 5-10　单项选择题 2 图

3. 武汉火神山医院是集中收治新型冠状病毒肺炎患者的一座专门医院，医院总建筑面积 3.39 万平方米，从方案设计到建成交付仅用 10 天，被誉为中国速度。据施工现场图片（图 5-11）判断，房屋的结构类型属于（   ）。

A. 砖混结构　　　　　　　B. 框架结构
C. 装配式简易板房　　　　D. 装配式箱式板房

图 5-11　单项选择题 3 图

4. 从图 5-12 可知，该处是用于纪念（　　）而设立。

A. 2008 年发生的汶川地震

B. 2010 年发生的玉树地震

C. 2013 年发生的甘肃陇南地震

D. 2022 年发生的四川省甘孜州泸定县

图 5-12　单项选择题 4 图

5. 1972 年 12 月 23 日，尼加拉瓜首都马那瓜发生 6.2 级地震，造成一万多人死亡，二十五万人无家可归。地震发生在夜里，在极短的时间内摧毁了马那瓜近 75% 的建筑，电力、燃气、水、电话线都无法使用，此后几个小时内城市中仅有的亮光来自于随处可见的火光。令人惊奇的是，

一片废墟中唯独18层的美洲银行大厦竟安然屹立,见图5-13,该建筑结构的设计人是下列哪位?(　　)

A. 贝聿铭　　　　　　　　B. 林同炎

C. 容柏生　　　　　　　　D. 梁思成

图5-13　单项选择题5图

6.1962年,他在《人民日报》发表署名文章《从拖泥带水到干净利索》(图5-14),呼唤尽可能早日实现建筑工业化,他是以下哪位人物?(　　)

A. 贝聿铭　　　　　　　　B. 林同炎

C. 容柏生　　　　　　　　D. 梁思成

图5-14　单项选择题6图

7. 请看图 5-15,梁钢筋绑扎错误之处是（　　）。

A. 梁下部筋伸过柱外侧纵筋

B. 梁上部筋在柱外侧纵筋内侧

C. 梁柱节点处有柱箍筋

图 5-15　单项选择题 7 图

8. 请看图 5-16,梁钢筋绑扎错误之处是（　　）。

A. 只设有吊筋,无附加箍筋

B. 主次梁相交处次梁内无箍筋

C. 次梁上部筋在支座内连接

图 5-16　单项选择题 8 图

9. 请看图 5-17，请问 KL10 和 KL12 哪根是主梁？吊筋应该配在哪根梁上？（　　）

A.KL10 是主梁，吊筋应该配在主梁内

B.KL12 是主梁，吊筋应该配在主梁内

C.KL10 是主梁，吊筋应该配在次梁内

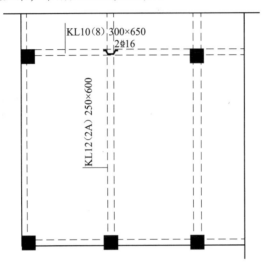

图 5-17　单项选择题 9 图

10. 请看图 5-18，梁柱节点内谁的箍筋贯通，贯通的箍筋间距如何确定？（　　）

A. 柱箍筋贯通，间距按加密区箍筋间距确定

B. 柱箍筋贯通，间距按设计要求确定

C. 梁箍筋贯通，间距按设计要求确定

图 5-18　单项选择题 10 图

三、多项选择题（共7题）

1. 为了鼓励中国超级工程取得的成就，对优质工程以及工程师颁发相应的奖项，以下哪些奖项属于土木工程领域。（　　）

   A. 鲁班奖　　　　　　　　　B. 詹天佑奖

   C. 大国工匠奖　　　　　　　D. 诺贝尔奖

   E. 菲尔兹奖

2. 平法规则改变了传统的将构件从结构平面布置图中索引出来，再逐个绘制配筋详图、画出钢筋表的烦琐方法，提高了识图效率，其发展历程包括（　　）。

   A. 1995年7月，平法通过了建设部科技成果鉴定

   B. 1995年8月，平法被批准为国家专利CN1106882A

   C. 1996年6月，平法被列为建设部1996年科技成果重点推广项目

   D. 1996年9月，平法被批准为《国家级科技成果重点推广计划》

   E. 2022年5月，22G101出版

3. 在党的十九大报告中指出：要建设知识型、技能型、创新型劳动者大军，弘扬劳模精神和工匠精神，营造劳动光荣的社会风尚和精益求精的敬业风气。2020年11月24日，习近平总书记在全国劳动模范和先进工作者表彰大会上，进一步阐述了工匠精神的主要内容，包含以下内涵：（　　）。

   A. 执着专注　　　　　　　　B. 精益求精

   C. 一丝不苟　　　　　　　　D. 追求卓越

4. 古籍资源值得我们借鉴学习，做到古为今用，以下哪些古籍涉及土木工程领域。（　　）

   A. 考工记　　　　　　　　　B. 营造法式

   C. 天工开物　　　　　　　　D. 本草纲目

   E. 黄帝内经

5. 古籍考工记中有以下哪些重要的工程理念。（　　）

   A. 天有时　　　　　　　　　B. 地有气

   C. 材有美　　　　　　　　　D. 工有巧

   E. 合此四后可以为良

6. 下列哪些是装配式建筑的优点。（　　）

A. 工业化水平高

B. 便于冬期施工

C. 减少施工现场湿作业量

D. 减少材料消耗

E. 减少建筑垃圾

7. 陆建新，男，1964年7月生，全国道德模范，中建钢构有限公司华南大区总工程师，教授级高级工程师。38年来，他从最基层测量员干起，一步一个脚印成长为钢结构建筑施工领域顶级专家。下列哪些工程是陆建新总工程师参与施工的工程项目？（　　）

A. 深圳国贸大厦

B. 深圳发展中心大厦

C. 深圳地王大厦

D. 深圳平安金融中心

四、审图题（共8题）

1. 请看以下基础底板钢筋弯折做法（图5-19），该配筋图存在什么问题？

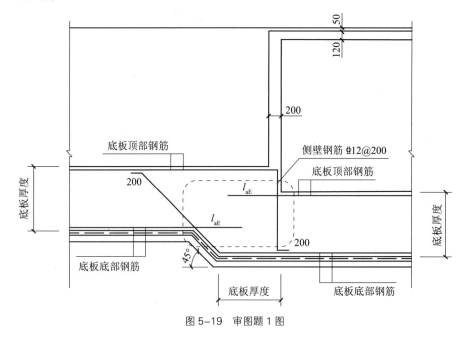

图5-19　审图题1图

2. 请看以下基础梁平法施工图（图 5-20），该配筋图存在什么问题？

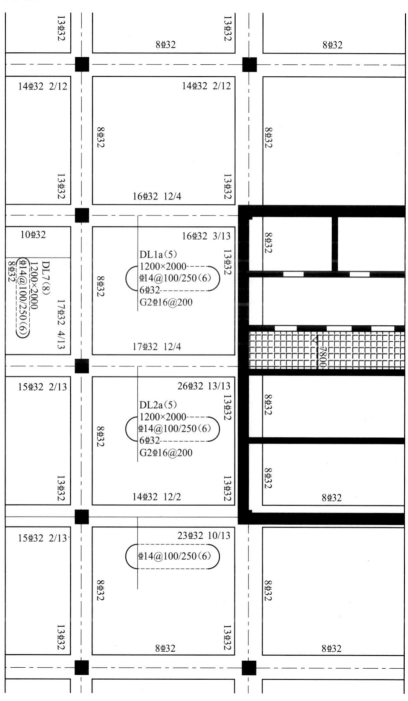

图 5-20 审图题 2 图

3. 请看以下梁平法施工图（图5-21），该配筋图存在什么问题？

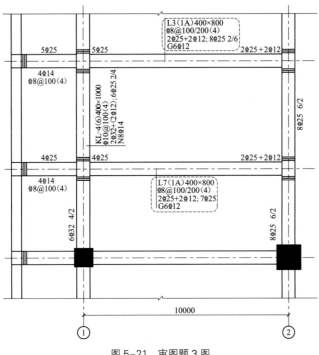

图5-21 审图题3图

4. 请看以下梁平法施工图（图5-22），该配筋图存在什么问题？

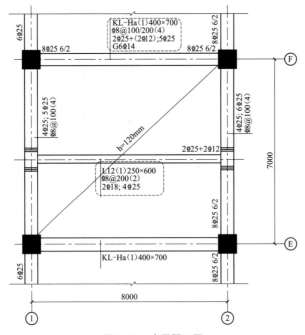

图5-22 审图题4图

5. 请看以下梁平法施工图（图5-23），该配筋图存在什么问题？

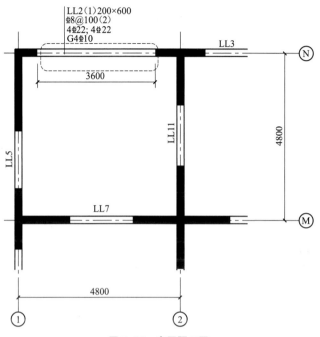

图5-23 审图题5图

6. 请看以下梁L1平法施工图（图5-24），该配筋图存在什么问题？

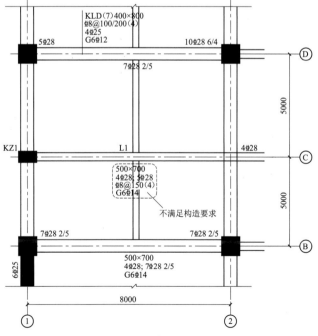

图5-24 审图题6图

7. 请看以下虚线框内梁平法施工图（图 5-25），该配筋图存在什么问题？

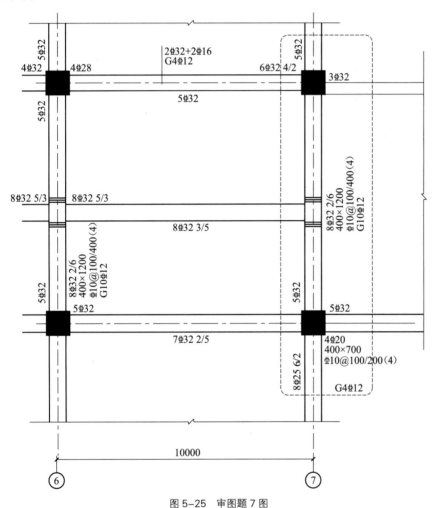

图 5-25　审图题 7 图

8. 请看以下楼板平法施工图（图5-26），该配筋图存在什么问题？

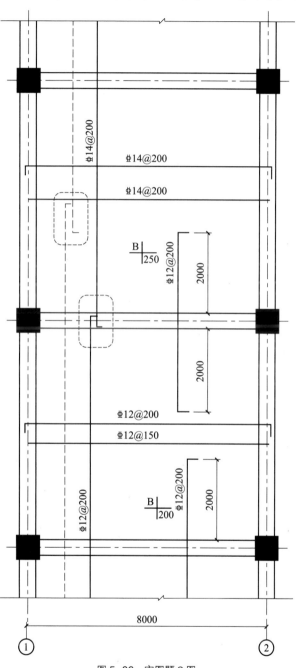

图5-26 审图题8图

5.5 劳动教育元素融入课程教学

5.5.1 劳动教育的重要性分析

纵观人类历史的发展，古人钻木取火，通过勤劳的双手在实践中获得赖以生存的食物，通过劳动，不断在实践中认识自然，总结规律，改进技术，推动整个人类社会不断朝前发展，不断创造璀璨文化。没有劳动就没有实践，就不会有今天人类取得巨大成就。应该引导大学生了解人类历史的发展，认识到劳动在推动文明发展过程中发挥的重要作用。当今网络技术发达，越来越多大学生沉迷在虚拟的网络空间，不愿走进实践生活中，对劳动的概念更是淡漠（黄显鸽，2021）。习近平总书记在全国教育大会上提出要加强对学生德智体美劳全面发展的要求，增加了关于"劳"的内容。让学生参与到劳动中，感受劳动带来的快乐与充实。随着市场经济的发展，竞争发挥着重要作用，优胜劣汰的作用必然要求大学生有很强的综合实力，要学好专业知识，还要有很强适应能力。这就需要学生在上学期间投入实践锻炼，通过劳动可以磨炼学生的意志力，同时增强学生的抗挫折能力，提升学生的综合素质有利于学生在走向社会时有较强的适应力。

劳动教育是中国特色社会主义教育体系中的重要组成部分，它对我国学生的劳动精神面貌、劳动价值取向产生了深刻影响。但是随着社会的不断发展，学生的学业压力不断增大，大中专院校都在逐渐减少劳动教育在基础教育中的占比，劳动教育的育人价值在某些程度上逐渐被忽视和淡化，这不利于青少年的全面发展。对此，高校、社会、家庭必须高度重视劳动教育，并且采取有效措施切实加强劳动教育。笔者认为，劳动教育不仅包括体力劳动，还包括脑力劳动。

由于土建工程项目特点，毕业生工作地点往往离家较远，多为室外工作，工作时间不固定，需要顽强的意志品质和较强的吃苦精神才能胜任，在专业教育、文化宣传中融入吃苦精神相关内容，在专业课程教学过程中要重点突出劳动素养和吃苦精神培养。赵东和宋德军（2020）以陕西铁路工程职业技术学院为例，凝练"吃苦奉献、拼搏争先"学院精神，秉承"严字当头"的铁路优良传统，传承和发扬铁军精神，实施半军事化管理，磨炼学生不怕吃苦的意志品质，从一点一滴培养学生工作责任心。开展"工匠精神进校园"活动，将工匠精神融入劳动教育。充分利用技能大师工作室、劳模工作室、大国工匠工作室传授技能、传承精神；定期邀请交通土建行业专家、优秀校友来校作报告，讲真实的工程故事，传授新技术、新工艺和新方法。积极探索和实施校企双主体育人，开展现代学徒制人才培养，加大企业人员授课比例，将职业素养和职业技能融合培养。在校内发掘学生身边的先进榜样，遴选刻苦学习、自立自强、甘于奉献等方面的榜样，进行先进事迹宣讲，为我们进行课程教学和专业建设均提供了良好的参考样板。

5.5.2 融入劳动教育元素的课程教学设计

高职院校开展劳动教育应在充分了解、分析学生的心理特点、个性特征的基础上，结合新时代劳动教育的内涵、要求和自身特点，利用已有资源和平台，开设独立的劳动教育课程，将劳动教育内容渗透进专业理论教学和实践教学中，寻找新时代劳动教育与高职教育契合点，提升课程教学效果。

根据专业人才培养目标和要求，结合新时代劳动教育内容，修订适合各专业特点和培养模式的人才培养方案，完善各专业课程的课程标准，在保证专业知识学习的系统性和完整性的基础上，将劳动教育内容融入专业课程教学中。新时代劳动教育中强调了高等院校的劳动教育中"创造性劳动"的重要性，这就要求高职院校在进行劳动教育时，要针对劳动新形态，深化产教融合，改进劳动教育方式，提高创造性劳动能力。谢彬彬和田思思（2020）以湖北生态工程职业技术学院为例，该校作为世界技能大赛中国集训基地、全国生态文明教育特色学校，在进行专业人才培养时：一是要立足于岗位需要，利用校内外实习实训平台，在进行专业课讲授时，结合专业特色和实际案例，让学生在动手操作和亲身实践中激发学生的劳动热情和劳动潜力，培养学生热爱劳动、崇尚劳动的观念，提高学生运用专业知识和技能，创造性开展劳动的能力。二是要利用学校技能大赛集训基地优势，以优秀学子为实际案例，现场参观集训基地现场，观看比赛宣传备赛情况，以此为契机开展专业技能比赛，引导学生以劳动为荣，尊重劳动，强化学生的劳动精神、劳模精神和工匠精神。

具体到《平法识图与钢筋计算》这门课程，将行业大力推广的 BIM 技术应用能力作为学生的重要劳动技能进行培养，同时探索钢筋绑扎实训任务在课程教学中的应用，鼓励教师带领学生共同协助完成复杂的 BIM 三维钢筋模型和钢筋三维骨架实物模型。找准高职毕业生在新技术推广和应用中的定位，将劳动教育与创新创业教育相结合，适应和促进学生职业发展。

5.6 钢筋绑扎实训案例

基于本书 5.5 节关于基于劳动教育的《平法识图与钢筋计算》课程教学设计相关思路，教学团队设计了十四个钢筋绑扎实训任务，包括钢筋绑扎基础技能（钢筋绑扎的基础动作和钢筋除锈、调直及弯曲技能）、独立基础钢筋网片绑扎、条形基础钢筋网片绑扎、筏形基础钢筋网片绑扎、桩基础钢筋笼绑扎、桩帽钢筋笼绑扎、构造柱笼钢筋绑扎、框架柱钢筋笼绑扎、非框架梁钢筋笼绑扎、框架梁钢筋笼绑扎、楼板上层钢筋网片绑扎、楼梯钢筋网片绑扎和剪力墙墙身钢筋网片绑扎。

以上钢筋绑扎实训任务，涵盖了本课程的主要教学内容和教学重难点，限于篇幅，本节列举两个钢筋绑扎实训任务书，供相同同行参考，更详细钢筋绑扎实训任务可参考尧国皇老师在智慧职教 MOOC 学院的课程和金志辉老师在学银在线上的课程。

5.6.1 钢筋绑扎的基础动作

1. 任务及目标

（1）掌握钢筋绑扎操作工艺。

（2）掌握钢筋绑扎施工的工艺方法。

（3）了解钢筋绑扎的基础操作要点。

2. 钢筋绑扎操作工艺

（1）绑扎的操作方法

绑扎钢筋是借助钢筋钩用铁丝把各种单根钢筋绑扎成整体网片或

骨架。

①一面顺扣绑扎法：这是最常用的方法，具体操作如图 5-27 所示。绑扎时先将铁丝扣穿套钢筋交叉点，接着用钢筋钩勾住铁丝弯成圆圈的一端，旋转钢筋钩，一般旋 1.5～2.5 转即可。扣要短，才能少转快扎。这种方法操作简便，绑点牢靠，适用于钢筋网、架各个部位的绑扎。

图 5-27　一面顺扣绑扎法

②其他操作方法：钢筋绑扎除一面顺扣绑扎法之外，还有十字花扣、反十字花扣、兜扣、缠扣、兜扣加缠扣、套扣等，这些方法主要根据绑扎部位的实际需要进行选择，其形式如图 5-28 所示。十字花扣、兜扣适用于平板钢筋网和箍筋处绑扎；缠扣主要用于墙钢筋和柱箍筋的绑扎；反十字花扣、兜扣加缠扣适用于梁骨架的箍筋与主筋的绑扎；套扣用于梁的架立钢筋和箍筋的绑口处。

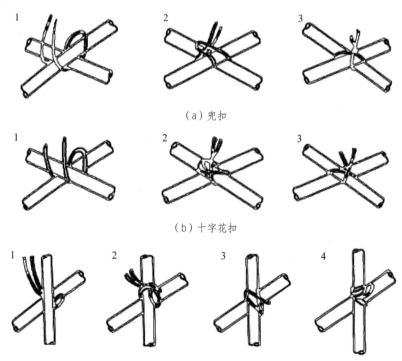

（a）兜扣

（b）十字花扣

（c）缠扣

图 5-28　钢筋绑扎的其他操作方法

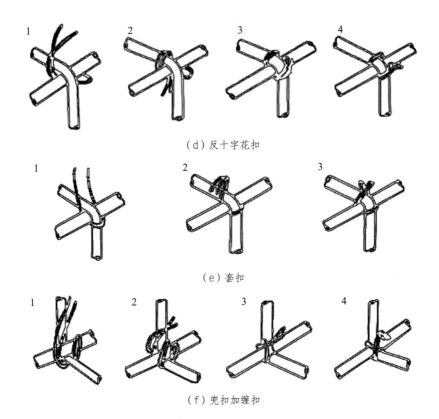

（d）反十字花扣

（e）套扣

（f）兜扣加缠扣

图 5-28　钢筋绑扎的其他操作方法（续）

（2）钢筋绑扎用铁丝

绑扎钢筋用的铁丝主要规格为 20~22 号的镀锌铁丝或绑扎钢筋专用的火烧丝。22 号铁丝宜用于绑扎直径 12mm 以下的钢筋，绑扎直径 12~25mm 的钢筋时，宜用 20 号铁丝。

3. 钢筋绑扎的操作要点

（1）画线时应画出主筋的间距及数量，并标明箍筋的加密位置。

（2）板类钢筋应先排受力钢筋，后排分布钢筋；梁类钢筋一般先摆纵筋后摆横筋。摆筋时应注意按规定将受力钢筋的接头错开。

（3）受力钢筋接头在连接区段（$35d$，d 为钢筋直径，且不小于 500mm）内，有接头的受力钢筋截面积占受力钢筋总截面积的百分率应符合规范规定。

（4）箍筋的转角与其他钢筋的交叉点均应绑扎，但箍筋的平直部分与钢筋的交叉点可呈梅花式交错绑扎。箍筋的弯钩叠合处应错开绑扎，应交错绑扎在不同的钢筋上。

（5）绑扎钢筋网片采用一面顺扣绑扎法，在相邻两个绑点应呈八字形，不要互相平行以防骨架歪斜变形。

（6）预制钢筋骨架绑扎时要注意保持外形尺寸正确，避免入模安装困难。

（7）在保证质量、提高工效、减轻劳动强度的原则下，研究加工方案。方案应分清预制部分和模内绑扎部分，以及两者相互的衔接，避免后续工序施工困难甚至造成返工浪费。

4. 钢筋检查

钢筋绑扎安装完毕，应按以下内容进行检查：

（1）对照设计图纸检查钢筋的钢号、直径、根数、间距、位置是否正确，应特别注意副筋的位置。

（2）检查钢筋的接头位置和搭接长度是否符合规定。

（3）检查混凝土保护层的厚度是否符合规定。

（4）检查钢筋是否绑扎牢固，有无松动变形现象。

（5）钢筋表面不允许有油渍、漆污和片状铁锈。

（6）安装钢筋的允许偏差，不得大于规范的要求。

5.6.2 框架柱钢筋笼钢筋绑扎实训

1. 实训目的

（1）通过框架柱钢筋笼的实训，掌握柱构件识图、算量、下料、绑扎的专业技能，进而理解结构设计。

（2）同时掌握新工科的"互联网+"技术，在实训过程中培养团队协作能力、动手操作能力。

（3）融入劳动教育元素，感悟工匠精神。

2. 实训项目

（1）框架柱钢筋平法施工图如图5-29所示，层高为3.0m。框架柱和框架梁的混凝土保护层厚度取20mm，基础保护层厚度取40mm，混凝土强度均取C30，基础高度600mm，一级抗震，纵筋采用焊接连接。

为了实训方便，本框架柱只设计一个层高。柱外侧钢筋从梁底锚入梁$1.5l_{aE}$，柱内侧纵筋梁内$12d$，箍筋长度按中心线计算。在基础内设置两道箍筋，箍筋在柱根处起步距离为 50mm，柱顶起步距离为 150mm。

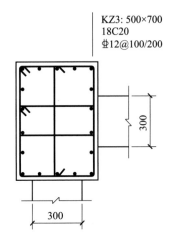

图 5-29 框架柱钢筋平法施工图（mm）

（2）钢筋长度计算过程见表 5-4。

表 5-4 钢筋长度计算过程

序号	钢筋名称	钢筋简图	计算式（长度单位为 mm，计量单位为根）
1	柱根高位纵筋	≥500 ≥35d ≥H_n/3 基础顶 15d c	单长 =15×20+600-40+（3000-600）/3+35×20=2360 总根数 =9
2	柱根低位纵筋	≥H_n/3 基础顶 15d c	单长 =15×20+600-40+（3000-600）/3=1660 总根数 =9
3	柱顶外侧高位纵筋	c 1.5l_{aE} 梁底 非连接区 连接区 高位顶	单长 =（3000-600）-（3000-600）/3-35×20+1.5×40×20=2100 总根数 =5
4	柱顶外侧低位纵筋	c 1.5l_{aE} 梁底 非连接区 连接区 低位顶	单长 =（3000-600）-（3000-600）/3+1.5×40×20=2800 总根数 =5

续表

序号	钢筋名称	钢筋简图	计算式（长度单位为mm，计量单位为根）
5	柱顶内侧高位纵筋	c 12d 梁底 非连接区 连接区 高位顶	单长=3000-（3000-600）/3-35×20-20+12×20=1720 总根数=4
6	柱顶内侧低位纵筋	c $1.5l_{aE}$ 梁底 非连接区 连接区 低位顶	单长=3000-（3000-600）/3-20+12×20=2420 总根数=4
7	大箍筋	c ≥10d或75 c c c	单长=2×（700-20×2-12）+2×（500-20×2-12）+11.9×12×2=2478 总根数=2+[（3000-600)/3-50]/100+1+（600+700-150）/100+1+（3000-800-700-600）/200+1-2=28（向上取整）
8	小箍筋	c ≥10d或75 c c	单长=2×（500-20×2-12）+[（700-2×20-12×2-20）/5+20+12]×2+2×11.9×12=1492 总根数=[（3000-600)/3-50]/100+1+（600+700-150）/100+1+（3000-800-700-600）/200+1-2=26（向上取整）
9	拉筋	c c ≥10d或75	单长=700-20×2-12+2×11.9×12=934 总根数=[（3000-600)/3-50]/100+1+（600+700-150）/100+1+（3000-800-700-600）/200+1-2=26（向上取整）

注：d-钢筋直径；H_n-楼层净高；c-混凝土保护层厚度；l_{aE}-受拉钢筋抗震锚固长度。

（3）钢筋三维模型。

框架柱钢筋笼钢筋三维BIM模型和绑扎实物模型如图5-30所示。

3. 实训工具、设备

（1）工具：断线钳、扎丝、扎钩、钢卷尺、老虎钳、标记笔。

（2）安全设备：手套、酒精消毒液、工装。

4. 实训原理

（1）根据施工图，计算钢筋用量，进行钢筋下料。

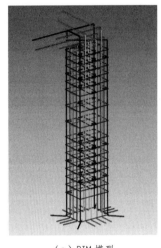 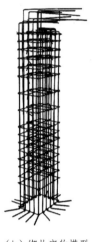

　　（a）BIM 模型　　　　（b）绑扎实物模型

图 5-30　框架柱钢筋三维模型

（2）绑扎框架柱钢筋笼，用 G101 图集标准进行验收。

5. 实训方法及步骤

　　先用断线钳剪断扎丝，拆除原框架柱钢筋笼模型，经教师确认后，根据框架柱的相关要求绑扎成框架柱钢筋笼，要求表达出纵筋位置、箍筋起步距离、箍筋弯钩方向、箍筋间距（加密区与非加密区），下面两道箍筋为非复合箍，拉筋要箍住纵筋和箍筋。实训结束后清理现场。切勿在实训室打闹，注意人身和实训器材的安全。

　　图 5-31 所示为云南经济管理学院学生在制作钢筋模型和深圳信息职业技术学院学生在教室观摩钢筋模型，钢筋三维模型在两校的平法识图课程教学中均取得了较好效果。

　　（1）　　　　　　　　（2）

（a）云南经济管理学院学生在制作钢筋模型

图 5-31　钢筋三维模型的制作与课堂应用

（1）　　　　　　　　　　　　　（2）

（b）深圳信息职业技术学院学生在观摩钢筋模型

图 5-31　钢筋三维模型的制作与课堂应用（续）

5.7　本章小结

本节首先介绍基于 BIM 技术的高职《平法识图与钢筋计算》课程思政建设方面进行的一些探索，包括课程的课程思政建设目标、课程思政建设实施路径、课程思政元素融合和基于 BIM 技术的课程思政建设实施案例，然后介绍基于劳动教育的课程实训教学设计方案，并给出了课程思政试题样题和钢筋绑扎实训案例，本节有关课程思政建设思路以期为高职土建类相关专业课的课程思政教学实践提供参考。

第六章 以赛促学与以赛促教

6.1 引言

为进一步贯彻教育部有关继续深化高等职业教育教学改革，积极推进校企合作、工学结合的职业教育人才培养模式，进一步推进专业建设和课程改革，促进课程及教学手段创新与应用。全国及各省市积极开展技能竞赛，突出学生创新能力和实践能力训练，实现知识与技能的有效转化，培养高技能型、应用型人才。高等职业教育旨在培养选拔高素质、高水平技能型人才，而技能大赛是体现学生技能水平的最佳途径。

随着建筑工程技术的日益发展和建筑空间的不断变化，对学生的识图能力提出了更新、更高的要求。建筑工程识图技能竞赛旨在搭建一个突出技能的平台，立足课程目标、紧贴岗位需求，让学生在竞赛中得到"真刀真枪"的锻炼。通过竞赛，进一步深化职业教育教学改革，推进校企合作、工学结合的职业教育人才培养模式，适应建筑生产一线技术及管理岗位的要求；通过竞赛，对引领学校专业发展、推进课程改革、优化课堂教学模式、提升学生的创新能力和实践能力、建设优质师资队伍、实现"以赛促学、以赛促教"的目标都有着积极意义。

6.2 建筑工程识图大赛

建筑工程识图技能大赛是全国职业院校"高职组"学生技能竞赛赛项之一，大赛自 2017 年举办以来一直引领着土建类专业的发展，对高职土建类专业课程体系的构建、课程教学内容的优化以及教学方法的改进，都发挥着重要的作用。建筑工程识图技能竞赛是展现学生专业技能的舞台，通过竞赛提高了学生学习的主动性、引导学生个性化发展，提升了学生的实践创新能力，发挥了标杆引领作用。

建筑工程识图技能竞赛以"1+X 建筑工程识图"技能为基础，以近年实际工程施工图纸为载体，按照企业职业岗位要求为标准，以国家现行规范标准为依据来设计建筑工程识图比赛识图理论题和施工图绘制实操题。旨在考查学生对设计说明的理解力，同时，考查学生是否具备正确识图建筑施工图与结构施工图的能力，是否具备正确领会设计变更单变更内容的能力，是否具备正确绘制任务书要求的建筑及结构施工图的能力。以下以 2023 年度全国职业院校技能大赛建筑工程识图赛项规程为例，介绍该赛项的大赛目标、竞赛内容、竞赛依据的技术规范、竞赛内容分析以及竞赛对教学的启示。

6.2.1 大赛目标

全面贯彻党的教育方针，落实立德树人根本任务，服务乡村振兴战略，支撑建筑产业现代化发展需求，对接建筑业转型发展和工业化、智能化、数字化、绿色化发展新趋势，实现产教协同育人，实现以赛促学、以赛促教、以赛促改。

通过竞赛，搭建建筑工程识图技能的竞技舞台。促进课程教学与岗位技能需求互通，对标职业岗位核心能力，引发学生对识图技能关注，引导学生强化实践锻炼，深化技能学习，提升技能水平，满足建筑业转型升级对高素质技术技能人才需求。

通过竞赛，搭建建筑工程识图技能的展示平台。技能大赛展示选手精神风貌与技能水平，坚定文化自信，培养学生职业素养和操守，赛技能、更赛素养，促进教师因材施教，融入"课程思政"，培育工匠精神。通过竞赛，搭建"课岗赛"融合改革平台。

通过"赛教融合"与"赛训融合"，促进课程教学与岗位需求有效对接，融入装配式建筑、新型建材、建筑模型三维转换等技术技能，适应绿色建筑、工业化、标准化、信息化发展新要求，助力"岗课赛证"融通，深化"三教"改革，推动课堂革命，引领土建类专业高质量发展。

6.2.2 竞赛内容

本赛项主要考核选手在建筑工程施工图技术信息识读、运用 CAD 绘图软件绘图、进行数字设计成果三维转换等方面的实践能力和职业素养。围绕典型工作任务优化竞赛模块内容、创新竞赛组织形式和团队分工合作方式，突出团队协作意识、创新意识、效率意识和成果意识。竞赛内容涵盖建筑工程施工图识图、绘图和三维转换等典型工作任务，由建筑识图与绘图、结构识图与绘图 2 个模块组成，每个模块分识图、绘图和模型（数字设计成果的三维转换）3 个任务。参赛团队由 2 人组成，合作完成 2 个模块的任务；竞赛过程中 2 人选手合作完成竞赛任务，每模块 3 项任务仅提交一份成果，分别计分后合并计入总成绩。

1. 建筑识图与绘图模块

任务一（识图）：建筑施工图识读。选手（赛前抽取）在阅读给定的建筑施工图纸、图纸会审纪要、设计变更单等资料后，领会图纸的技术信息，发现图纸中存在的错误、缺陷、疏漏，完成建筑施工图识读相关技能、知识答题。

任务二（绘图）：建筑施工图绘制。选手根据给定的建筑施工图纸、图纸会审纪要、设计变更单等资料，运用 CAD 绘图软件绘制给定的建筑专业施工图。

任务三（模型）：建筑模型三维转换。选手继续根据给定的建筑节点详图，运用三维建模软件，合作完成建筑节点详图的三维转换。

2. 结构识图与绘图模块

任务一（识图）：结构施工图识读。选手在阅读给定的建筑、结构等施工图纸、图纸会审纪要、设计变更单等资料后,领会图纸的技术信息,发现图纸中存在的错误、缺陷、疏漏,完成结构施工图识读相关技能、知识答题。

任务二(绘图):结构施工图绘制。选手根据给定的建筑、结构等施工图纸、图纸会审纪要、设计变更单等资料,运用CAD绘图软件绘制给定的结构专业施工图。

任务三(模型):结构模型三维转换。选手根据给定的结构构件详图,运用三维建模软件,合作完成结构构件详图的三维转换。

6.2.3 竞赛依据的技术规范

主要依据相关国家职业技能规范和标准,注重考核基本技能,体现标准程序,结合生产实际,考核职业综合能力,并对技术技能型人才培养起到示范引领作用。根据竞赛技术文件制定标准,主要采用以下标准、规范及工具软件:

(1)《房屋建筑制图统一标准》GB/T 50001-2017;

(2)《总图制图标准》GB/T 50103-2010;

(3)《建筑制图标准》GB/T 50104-2010;

(4)《建筑结构制图标准》GB/T 50105-2010;

(5)《混凝土结构施工图平面整体表示方法制图规则和构造详图(现浇混凝土框架、剪力墙、梁、板)》22G101-1;

(6)《混凝土结构施工图平面整体表示方法制图规则和构造详图(现浇混凝土板式楼梯)》22G101-2;

(7)《混凝土结构施工图平面整体表示方法制图规则和构造详图(独立基础、条形基础、筏形基础、桩基础)》22G101-3;

(8)《建筑信息模型设计交付标准》GB/T 51301—2018;

(9)与建筑识图、建筑制图、建筑功能、建筑构造、建筑结构、建筑信息模型有关的其他规范、标准、教材、参考书及有关的教学资源与训练软件。

6.2.4 竞赛内容分析

本赛项自2017年至今,历时八年,一直设"识图"和"绘图"两大模块,即"建筑识图与绘图"与"结构识图与绘图",可见识图与绘图一直是该赛项关注的两个方面,从 2023 年起,在两个模块分别增加建筑模型三维转换和结构模型三维转换。

建筑工程识图技能竞赛由建筑工程识图模块与建筑工程绘图模块两个模块组成,题目分为识图理论和绘图实操两个部分。通常以一套框剪结构的建筑工程实际项目图纸为载体,以 CAD 软件为实操平台。理论题以个人赛形式完成,绘图题以团队合作形式完成。建筑工程施工图识图理论题以闭卷形式,分为单选题与多选题,由团队成员各自单独完成,其间不能相互交流,通过网络平台在电脑中完成识图理论题;参赛选手通过识读建筑及结构设计说明、建筑施工图、结构施工图、图纸会审纪要、设计变更单等图纸资料,结合相关建筑设计规范、防火规范等,理解图纸中的技术参数,根据施工图识图理论题出题方向,找准图纸中的对应信息完成识图理论题的答题内容;同时运用 CAD 软件,由团队参赛选手结合上述图纸资料,可交流协作,共同完成建筑平面图、立面图、剖面图、结构施工图及各节点详图等任务的抄绘与补绘。

通过建筑工程识图竞赛,促进院校及师生对建筑工程识图技能训练的重视,强化学生识图技能,培养优异的技能竞赛选手、知识学霸、技能精英,促使学生的创新创优应用能力得到提升。同时拓展了学生的专业知识面,让学生接触到专业发展最前沿的领域和方向,以赛促学,以训促精,为日后的专业、行业的发展助力(廖艳等,2021)。大赛带出来了一批优秀的教师和学生,以赛促教,以赛促改得到了现实的体现,大赛在职业教育的发展和变革中,推动和检验着职业教育前行的方向(罗碧玉,2023)。

6.2.5 建筑工程识图大赛对识图课程教学的启示

教学团队从 2017 年一直指导学生参与建筑工程识图大赛,获得了国赛三等奖一项和省赛一等奖 5 项,通过多年来参与技能大赛比赛指导的过程,结合《平法识图与钢筋计算》课程的教学,有以下启示。

1. 根据大赛的要求改革教学内容

建筑工程识图大赛竞赛内容紧跟建筑行业与就业,就要求在教学实施过程中也要跟紧大赛的步伐。建筑工程识图大赛包括识图和绘图两大部分，这就要求《平法识图与钢筋计算》教学过程中必须让学生熟练掌握结构施工图识图及绘图技能。随着 BIM 信息技术在建筑行业中的不断应用，结构模型三维转换模块也增加到大赛中，因此，在制定课程教学计划时，在突出识图及绘图技能教授的同时，适当增加结构模型三维建模学时。

2. 根据技能竞赛的要求改革教学方法

在赛前备赛时发现学生对某一工程项目整套图纸的识读能力较低，虽然在教学过程中《工程制图》《建筑构造》和《建筑结构》等课程中都贯穿了相应的建筑识图和结构识图知识，但是围绕建筑工程识图比赛的知识点较多且较为分散，需要结合比赛改革教学模式，增加相关专业课程之间的联动。以一套完整的工程项目图纸为依托，开展《工程制图》《建筑构造》《建筑结构》和《平法识图与钢筋计算》等课程的教学，让学生充分利用这套图纸，"一图贯穿"，在熟读图纸过程中形成工程的整体概念。

3. 根据技能竞赛的要求注重知识细节和知识灵活应用能力

国家平法图集有着严谨的编制依据，每一个数据和每一处构造都有相应的规范条文为技术支撑，建筑工程识图大赛中题目常考到图集中技术细节，如下面的例题。

[例题1] 当柱纵筋在基础中保护层厚度不大于 $5d$ 时，应设置锚固区横向箍筋，以下不属于横向箍筋应满足的要求的是（　　）。

A. 横向箍筋直径应 $\geqslant d/4$（d 为纵筋最大直径）

B. 横向箍筋间距应 $\leqslant 5d$（d 为纵筋最大直径）且 $\leqslant 100$

C. 横向箍筋间距应 $\leqslant 5d$（d 为纵筋最小直径）且 $\leqslant 100$

D. 横向箍筋为非复合箍

以上这题考到的知识点在 22G101-3 图集第 66 页注解说明的第 2 条，学生们在学习时往往容易忽视平法图集中注解文字的学习，因此在课程教学过程中，需要对知识细节重点讲解。另外，对知识的灵活应用能力也十分重要，比如下面这道题。

[例题2] 如图 6-1 所示，某轴交 D 轴框架柱 KZ1 三层楼面处梁柱节点区箍筋为（　　）。

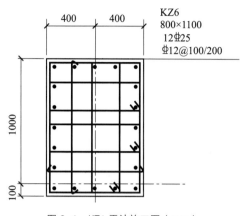

图 6-1　KZ1 平法施工图（mm）

A. $\Phi12@100$
B. $\Phi12@200$
C. $\Phi10@100$
D. $\Phi10@200$

学生们从以上题目能获取到柱加密区箍筋配置为$\Phi12@100$，非加密区箍筋配置为$\Phi12@200$，但对题目中问到的节点区箍筋配置却不知道，那么问题出现在哪里呢？仔细分析便可知，学生对节点核心区与柱其他区域受力特性和设计特点不清晰，在结构抗震设计时，要求"强结点弱构件"，便可知道节点核心区的箍筋配置不应低于柱箍筋加密区的配置要求，这样便可以容易答对本题。可见，在《平法识图与钢筋计算》课程的教学过程中，让学生对知识能活学活用显得十分重要。

4. 教学过程中注意团队协作能力的培养

如前所述，建筑工程识图比赛是团队竞赛，因此在训练中，还需要对学生进行组队训练，训练学生的团队协作能力，组织团队中队友之间相互学习，多沟通交流，相互配合，取长补短。因此在《平法识图与钢筋计算》课程教学过程中，结合课程教学相应的知识点布置小组作业，可将学生分为几个小组，让学生在完成作业任务的过程中进行团队配合训练，充分考查学生团队协作情况。

在课程学习到一个阶段之后，组织每组学生以小组为单位参加团队挑战赛，并进行团队总分排名与个人识图和绘图题单项排名，制定良性竞争机制，并给予学生的一定奖励，提升学生主动学习的积极性。

6.3 结构设计信息技术大赛

为增强土建类高职学生的实践能力和 BIM 技术应用能力，国家各学科教学指导委员会和土木工程学会开展了一系列的技能竞赛。其中由中国土木工程教育工作委员会主办的全国大学生结构设计信息技术大赛就是一项富有实践性和创新性的技能大赛，大赛同时面向本科（A 组）和高职高专（B 组）学生。2018 年和 2019 年，举办了首届和第二届全国大学生结构设计信息技术大赛，竞赛要求以 BIM 结构设计和装配式深化设计为主题，要求学生根据建筑平面图和限制条件，进行结构设计，提交结构模型和设计成果文件用于评分。整个参赛过程，既能激发学生的求知欲望，又能锻炼学生的动手能力和团队合作能力。

本书第一作者和第四作者组织深圳信息职业技术学院建设工程管理专业学生参加了首届和第二届全国大学生结构设计信息技术大赛，对大赛的过程的回顾和经验总结表明，该大赛可以提升学生综合运用所学专业知识解决实际问题的能力，提升了 BIM 技术的应用能力，同时锻炼了装配式混凝土结构深化设计能力。

由于首届赛题更具代表性，本节结合首届全国大学生结构设计信息技术大赛（B 组）的具体赛题和我校学生完成作品情况，探讨结构设计信息技术大赛对提高学生动手能力和创新能力的作用，为高职土建识图类课程的教学改革提供借鉴。

6.3.1 赛题背景与要求

1. 赛题背景

为全面贯彻《国家中长期人才发展规划纲要（2010—2020 年）》和《2016—2020 年建筑业信息化发展纲要》的有关精神，促进高等学校土木工程专业及相关专业人才培养模式改革，提高高等学校土木工程专业及相关专业创新型、应用型人才的培养质量，推进高校 BIM 实践教学，提高大学生的科技创新能力和实践技能，为各学校大学生搭建同台竞技的舞台。全国大学生结构设计信息技术大赛正是基于上述背景而举办的。装配式建筑是建筑工程领域的重要发展趋势，2020 年装配式结构占新建

20%左右，目前装配式建筑技术人才缺口很大，作为高职院校土建类专业的人才培养也必须跟上建设领域最新建造技术发展的需要，大赛赛题考查的重点之一就是装配式建筑相关内容。

2. 赛题要求

本次赛题的结构体系为装配式钢筋混凝土剪力墙结构，以 BIM 结构设计和装配式深化设计为主题，采用 GSRevit 平台进行高层装配式混凝土结构设计，要求学生根据建筑平面图和限制条件，进行结构设计，完成预制构件深化设计，输出相应的图纸，并回答思考题，赛题的具体要求可查看 2018 年《全国大学生结构设计信息技术大赛题目》。

6.3.2 赛题对学生能力的培养

1. 赛题分析

在赛题开始答题之前，应该反复阅读大赛试题，准确理解赛题的关键内容，找到赛题的难点和突破口，才能有一个合理的结构布置和装配式深化设计方案。此次竞赛赛题中，正确建立结构整体分析模型是一个重要评分指标，同时为了紧跟行业发展趋势，增加了装配式建筑深化设计的内容。赛题分析需要较广博的专业知识和较丰富的工程设计经验，学习需要在指导教师指导下完成，当然这也给大赛指导教师提出了较高的要求。

对于赛题分析环节，尽管本专业有开设《工程制图》和《建筑构造》课程，但发现有部分同学对装配式新型建筑的建筑平面和详图的识图不是太准确，有些装配式建筑术语含义不了解，这些知识需要在备赛时给予补充。图 6-2 和图 6-3 所示分别为我校学生建立的结构三维分析模型和典型楼层结构布置的局部。在赛题分析环节，应充分激发学生的求知欲和迎接挑战的主动性。

2. 装配式深化设计

赛题要求学生对云线范围内（图 6-4）的所有预制混凝土构件进行合理拆分，绘制构件拆分平面图，并根据配筋结果，通过 GSRevit 软件绘制图中标线所示四类预制构件的深化设计图纸各一张，在结构模型标准层中对图中云线节点区域周边的叠合梁板进行节点钢筋三维碰撞分析，并对钢筋有冲突部位应进行避让处理。这部分的内容为本次竞赛的难点之一，学

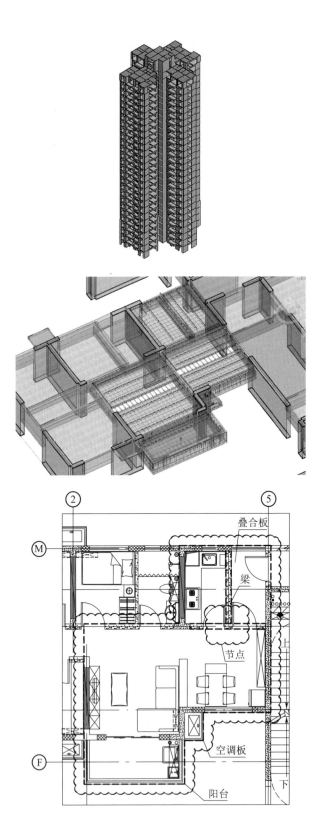

图 6-2 结构三维分析模型

图 6-3 典型楼层结构布置的局部

图 6-4 深化设计区域

生在课堂学习内容中并无装配式混凝土的深化设计相关知识，因此这部分内容要求学生在教师的指导下去学习装配式混凝土建筑中构件拆分设计的基本原则，并研究 GSRevit 软件针对装配式设计的参数输入和施工图的成图方法。另外，赛题中给出了主次叠合梁节点采用牛担板形式，牛担板形式是实际工程中会采用到的一种节点形式，但对于没有工程实践经验的学生来说是比较陌生的，因此要求学生自主去学习。

深信院建设工程管理专业参赛学生在教师的指导下，发挥了较好的主观能动性，在深化设计模型的不断调整中，锻炼了解决问题的能力和创新能力，图 6-5 为学生完成的部分深化设计模型。

(a) 预制阳台深化模型

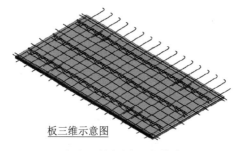

(b) 预制叠合板深化模型

图 6-5 学生完成的部分深化设计模型

3. 解答思考题

对于高职组参赛学生，赛题要求学生回答出装配式建筑中结构构件与非结构构件中哪类构件适合采用预制装配式，并说明原因。这是一道开放性的问题，装配式建筑中包含结构构件和非结构构件，结构构件与非结构构件均可以采用装配式，包括：预制柱、叠合梁、叠合楼板、预制夹心保温外墙板、预制内承重墙板、预制楼梯、预制阳台板、预制空调板等。

装配式构件的范围在实际应用也要考虑到地区的差别，对于预制率要求高的地区，比如上海等地，结构构件必须要做预制装配式才能满足预制率要求；对于预制率要求低的地区，只做外挂墙板、预制楼梯、叠合板、预制阳台板、预制空调板等，便可以满足预制率要求。对这一道赛题的准确回答也要求学生去查阅装配式相关政策和资料，可以培养学生自主学习的能力。

一个优秀的竞赛作品往往需要组员在模型建立、装配式深化设计及思考题回答过程中分工协作，全力投入。团队成员在整个竞赛过程中应共同工作、共同提高，这对培养学生团队意识、沟通能力和协作能力有着十分重要的作用，最终我校学生获得了首届全国大学生结构设计信息技术大赛一等奖。

6.3.3 结构设计信息技术大赛对识图课程教学的启示

从结构设计信息技术大赛的效果来看，在竞赛过程中，学生加深了对结构布置、结构设计和装配式建筑深化设计的理解，提高了学生建筑结构理论知识的运用与结构 BIM 软件的实践能力，以及解决问题的能力和创新能力，培养了我校高职学生的动手能力和团队协作能力。这类竞赛活动可以激发学生学习的积极性和主动性，弥补传统教学方法的不足。

此外，结构设计信息技术大赛也给高职土建识图类课程教学改革提供了一些启示。通常，高职土建类专业一般开设《工程制图》《建筑构造》和《结构施工图识读》等识图类课程，课程讲授的内容常以构件或部件为章节的划分，学生较难形成建筑结构整体的概念，另外高职土建类课程一般很少开设结构概念、结构选型分析相关课程，使得学生在面对大赛赛题模型的结构布置上较为吃力，当面对一种新的结构体系时，往往无所适从。以本书第一作者讲授多年的《平法识图与钢筋计算》课程为例，由于该课程通常以现行国家建筑标准设计图集《混凝土结构施工图——平面整体表示方法制图规则和构造详图》为主要讲授内容，学生往往感觉课程枯燥、抽象、难学，学习效果往往不理想。在完成《平法识图与钢筋计算》课程学习后，不少学生对稍复杂的钢筋构造详图依然无法准确理解，说明学生可能只是机械地记住了钢筋构造详图，并未真正理解钢筋构造的受力原理和规律。

结合结构设计信息技术竞赛的效果,建议在高职土建识图类课程教学中进行以下几个方面的尝试:

1. 强化信息化教学手段

高职学生三维空间想象力普遍不强,较难将传统二维平面图和构造图集转换为实际建筑工程三维模型,因此十分有必要借助于信息化手段,指导学生动手操作 BIM 软件进行建筑和结构三维建模,通过直观可视化的三维模型,加深对建筑施工图和结构施工图以及连接构造的理解。

建议打造"建筑实物 –BIM 建筑信息模型 – 工程图纸"识图类课程闭环教学模式,如图 6-6 所示。本教学团队选定深信院教学楼为"载体",建立该建筑 BIM 建筑信息模型,并结合实际项目工程图纸进行教学。案例资料不但可以在 BIM 软件教学课程中应用,也可以在建筑施工图识图课程上应用。BIM 模型对应的建筑实物就在学生身边,对于看不懂的地方,学生可以"实地考察"。通过打造这种"能看得见、摸得着"的工程识图课的教学模式,一方面可以提升学生的识图能力,另一方面可以提升学生学习 BIM 软件的兴趣。

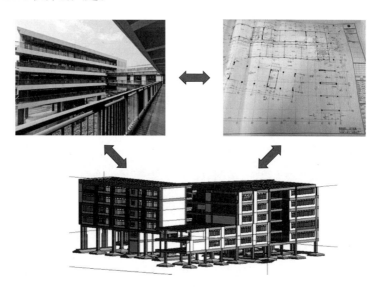

图 6-6 "建筑实物 –BIM 建筑信息模型 – 工程图纸"识图类课程闭环教学模式

2. 加强实践教学环节

目前深信院建设工程管理专业在高职土建识图类的教学过程中安排了四周的课程实训,分别为两周的建筑施工图识图实训和两周的结构施工图识读实训,主要是利用结构 BIM 软件进行一栋简单建筑项目的建筑绘图、三维建模、结构计算和钢筋用量统计，并与手算的材料用量进行对比。这样的课程实训对提高教学效果有一定帮助，但依然对一些建筑和钢筋难点构造理解还是模糊不清，因此应增加相应施工过程中工程项目的现场认知与参观实习，使学生有机会"走进工地现场"，更容易建立图纸与工程实践之间的联系。

建议依托专业的校企合作资源，在识图类课程的教学过程中，从"多角度"增加实践教学环节，如工程师现场识图授课、工程师现场识图答疑等（图6-7）。通过本教学团队三年的教学实践，这个环节是最受学生欢迎的，大大提升了对实际工程项目的建筑构造和结构钢筋构造的理解，增强了学生的获得感和成就感，理论联系实际，从而提高学生学习的主动性和积极性。

（a）工程师现场识图授课

（b）工程师现场识图答疑

图6-7 识图类课程的现场教学环节

3. 结合技能大赛，打造专业课程包

职业技能大赛是培养高职学生技能的重要抓手，因此本教学团队围绕建筑工程识图技能大赛和建筑信息模型建模与应用技能大赛这两个赛项，打造对应的课程包，每个课程包一般包括理论课、BIM 课程和对应的实训课程，将 BIM 技术与传统理论课程有机融合，将赛题的考点与常规的教学内容相结合。

同时，聘请企业导师开展讲座，重点讲授工程变更单、建筑施工图、建筑竣工图和结构详图相关任务的完成方法，既能强化学生分析问题、解决问题的能力，也能锻炼学生综合运用知识的能力。

4. 增加钢结构、装配式混凝土建筑与结构识图方面的教学内容

高职土建类识图课程往往集中在现浇混凝土结构方面，对钢结构工程与装配式混凝土涉及不多，这样大大限制了学生识图能力的拓展性。钢结构和装配式建筑是建筑工程领域的重要发展趋势，发展装配式建筑是实施推进"创新驱动发展、经济转型升级"的重要举措，也是切实转变城市建设模式，建设资源型、环境友好型城市的现实需要，这从近几年的全国大学生结构信息大赛的赛题也"可见一斑"，赛题均涉及装配式建筑。

目前国家大力发展装配式建筑，学生毕业后可能面对装配式混凝土建筑工程项目，为了让学生能够尽快适应工作岗位的职责要求，在高职土建识图类课程教学中增加钢结构和装配式混凝土建筑识图和结构识图两方面的内容是十分必要的。深圳信息职业技术学院目前从 2018 级学生开始增设了《建筑钢结构施工》和《装配式混凝土结构施工》两门课程，分别包含了钢结构识图和装配式建筑识图教学模块，增强了学生识图能力的拓展性。

6.4 本章小结

"双高时代"背景下的专业建设核心是内涵建设和高质量发展，要达到专业人才培养目标，课程教学必须适应建设工程行业的发展要求和学生的需求。技能竞赛在专业教育改革和发展中发挥着强有力的导向作用，教、

学、做一体化教学等理念在教学实践中得到体现；课程建设更加合理，师资队伍能力增强。如何让技能大赛的受益面扩大是个值得深思的问题，还是要从课程设置、平时的教学中入手，把校赛制度化，参赛学生普及化，真正达到以赛促学、以赛促教的目的，让广大同学通过技能比赛，普遍提高专业技能水平。

职业院校技能大赛是考核学生专业技能的一个平台，通过这个平台可以增进各个院校之间的交流和学习，提高专业教学水平和教学能力，进而提高全国职业院校专业人才培养质量。提高专业人才培养质量并不只是培养出几位参赛学生，而是要在专业人才培养方案中体现竞赛大纲，在专业课程标准中体现考核要点，这样专业教师团队参与竞赛辅导，能真正做到以赛促学，以赛促教。

附录《平法识图与钢筋计算》课程思政试题样题参考答案

一. 判断题

1. 正确 2. 正确 3. 正确 4. 正确 5. 正确

二. 单项选择题

1.A 2.B 3.D 4.A 5.B 6.D 7.A 8.C 9.A 10.B

三. 多项选择题

1.ABC 2.ABCDE 3.ABCD 4.ABC

5.ABCDE 6.ABCDE 7.ABCD

四、审图题

1. 根据平法 22G101-1 图集相关构造要求，基础底板不需要考虑抗震，l_{aE} 错。

2. 根据平法 22G101-1 图集相关构造要求，基础梁不需要考虑抗震，箍筋没有加密区。

3. 根据平法 22G101-1 图集相关构造要求，非框架梁不需要考虑抗震，箍筋没有加密区。

4. 根据平法 22G101-1 图集相关构造要求，梁腹板高度超过 450mm，需配置腰筋。

5. 根据平法 22G101-1 图集相关构造要求，跨高比大于 5 的梁，应按框架梁设计。

6. 根据平法 22G101-1 图集相关构造要求，L1 在框架柱端的箍筋应加密。

7. 边梁应考虑抗扭。

8. 板钢筋连接位置不当，不能在支座处连接。

参考文献

[1] 王甘林，罗俊.《平法识图与钢筋计算》开设的必要性与基本设置[J], 长江工程职业技术学院学报, 2009, 26(3): 70-72.

[2] 李启华.《施工图识读与翻样》课程教学改革刍议[J], 职教论坛, 2008(6): 42-43.

[3] 金燕，李剑慧.构建结构识图课程学业评价体系的研究[J], 职业教育研究, 2013(6): 166-167.

[4] 庞毅玲，代端明.混凝土结构平法施工图识读课程教学中任务驱动教学法运用研究[J], 广西教育, 2013(10): 57-58.

[5] 张希文，贾颖绚，李宁.3ds Max 辅助平法识图课程的教学实践[J], 山西建筑, 2014, 40(29): 258-259.

[6] 郭容宽.工程造价专业《平法识图与钢筋算量》课程教学方法的探讨[J], 轻工科技, 2014(11): 138-139.

[7] 张海霞，古娟妮，沈仲洁，等.关于行动导向教学法在混凝土结构平法识图课程中的应用[J], 才智, 2014(3): 190-191.

[8] 杨帆，张欣，孙宇，等.提高高职院校土建类学生结构识图方法的研究[J], 职业技术, 2015(2): 42-43.

[9] 俞锡钢.个性化构件建模在建筑结构识图教学中的应用[J], 科教导刊, 2015, 4:98-99.

[10]. 蓝燕舞."四步法"在《钢筋混凝土平法识图》品牌课程建设中的应用与探索[J], 教育教学论坛, 2015(1): 144-145.

[11] 王庆华，佘步银.面向钢筋翻样岗位的"平法识图与钢筋算量"课程教学探索[J], 职教通讯, 2015(21): 5-8.

[12] 冯超.平法识图与钢筋计算课程教学方法的研究[J], 山西建筑, 2015, 41(30): 249-250.

[13] 魏翔.高职"混凝土结构平法施工图识读"课程建设与改革探索[J], 教育观察, 2015, 4(11): 33-34.

[14] 章春娣.高职院校平法识图课程建设与教学方法探讨[J],科技创业月刊,2016,29(20): 82-83.

[15] 苏仁权,祝和意,刘新,董伟娜.《混凝土结构平法施工图识读》课程建设与实践[J],高教学刊,2016(13): 134-137.

[16] 赵盈盈,涂中强.BIM技术在建筑类课程项目化教学中的应用——基于《建筑工程施工图识读》课程[J],科技创新与生产力,2016(8): 66-68.

[17] 梅清,孙维,邓贵峰.高等职业院校专业课程信息化教学设计的应用——以"建筑平法结构识图"为例[J].武汉工程职业技术学院学报,2017,29(3): 86-88.

[18] 徐涛,赵程程,赵丽,等.基于BIM技术的建筑结构识图课程教学设计研究[J],江西建材,2017(3): 276.

[19] 韩文娟,郭仙君,田小娟.高职《建筑结构与结构识图》课程开放教育资源库建设研究[J],产业与科技论坛,2017,16(23): 212-213.

[20] 黄秉章.计算机建筑图纸绘制与平法识图教学的融合[J],广西物理,2017,38(4): 33-36.

[21] 许飞,王兵,史晓燕.高职土建专业"平法识图"教学改革探析[J],扬州职业大学学报,2018,22(2): 55-58.

[22] 苏泽斌.高职建筑工程技术专业结构识图技能培养方法的研究[J].佳木斯职业学院学报,2018(6): 493-495.

[23] 崔琳琳.建筑结构识图实训课程信息化建设研究[J],科技经济市场,2018(7): 105-107.

[24] 韩春媛.关于《平法识图与钢筋算量》微信公众平台建设思路探索[J],四川水泥,2018(4): 334

[25] 方伟国.基于BIM技术的平法识图与钢筋计算课程教学研究[J],吉林广播电视大学学报,2018(10): 135-136.

[26] 张延,程秋月.建筑结构基础与平法识图课程教学改革研究[J],滁州职业技术学院学报,2018,17(4): 77-79.

[27] 陈丽红,刘粤.融合现代信息技术,激发结构识图课堂活力——"建筑结构施工图识读"精品课程改革实践[J],现代职业教育,

2019(14): 128-129.

[28] 于颖颖. G101 平法识图与钢筋计算课程考核方案研究 [J]，居舍，2019(1): 198.

[29] 王鹏, 王焕芳, 赵利芬. 平法识图实践教学课程研究 [J]，科技创新导报，2019(6): 197-198.

[30] 祖雅甜. 平法识图与钢筋翻样课程教学改革探讨 [J]，才智，2019(3): 140-141.

[31] 黄美玲，鲍双莲，白海荣. 平法识图与计算课程教学改革与探讨 [J]，科教导刊，2019(21): 120-121.

[32] 杨万庆，王利永. AR 技术环境下土木工程类教材内容呈现研究——以《钢筋混凝土结构平法识图与钢筋算量》为例 [J]，中国编辑，2019(4): 56-59.

[33] 舒灵智. 钢筋骨架微缩模型制作实训化教学在《平法识图与钢筋算量》课程中应用 [J]，经济师，2019(1): 186-189.

[34] 魏炜，刘芳，范文阳. 基于 SPOC 的精准化教学模式研究——以建筑施工图与平法识图课程为例 [J]，河北软件职业技术学院学报，2019，21(2): 43-45.

[35] 龚洁. 信息化技术在《平法识图与钢筋算量》课程教学中的应用 [J]，中小企业管理与科技（上旬刊），2019(2): 127-128.

[36] 李小娟，周休平，肖永建，等. "斯维尔建模仿真技术"在西藏高职院校《平法识图》课程中的应用与探索 [J]，建材与装饰，2019(23): 156-157.

[37] 王群力. 基于任务驱动的"平法识图与钢筋算量"教学模式改革初探 [J]，福建建材，2019(12): 114-115.

[38] 刘巧会. "平法识图与钢筋算量"课程的教学改革体会 [J]，科技创新与生产力，2020(7): 94-96.

[39] 耿爽. 基于 BIM 技术的建筑结构识图课程教学研究 [J]，陕西教育，2020(9): 26-27.

[40] 鲍仙君. 1+X 证书试点模式下的"平法识图与钢筋算量"课程改革 [J]，北京印刷学院学报，2020，28(6): 123-126.

[41] 邱玲玲，陈丹.1+X 证书制度下工程造价实训课程教学改革——以"平法识图与钢筋算量"课程为例[J]，北京工业职业技术学院学报，2020，19(4): 94–97.

[42] 张鹏歌，常婷婷，万乐顶，等.3ds Max 和钢筋微缩骨架在平法识图课程中的应用[J]，科技创新导报，2020(7): 189–190.

[43] 卜伟，王琦，刘彩玲，等.Sketchup 软件在高职平法识图与钢筋算量课程中的应用研究[J]，科教论坛，2020(6): 59.

[44] 张延，程秋月.《建筑结构基础与平法识图》课程慕课教学研究[J]，城市建筑，2020，17(370): 54–55.

[45] 徐静伟.技能大赛驱动下"教·训·赛"三位一体教学模式改革与实践——以施工图识读课程为例[J]，2020(7): 44–46.

[46] 周艳，张志.高职土建类专业"教、学、训、赛"四位一体施工图识读能力培养的探索与实践[J]，职业教育，2020，19(17): 36–39.

[47] 张甜甜.混凝土结构识图课程思政实践路径探究[J]，黑龙江科学，2021，12(13): 72–73

[48] 李科，何立志，郑巧玲."1+识图主导、内外混合教学"的课程建设模式初探——以建筑结构基础与平法识图课程为例[J]，大学，2021（35）:46–48.

[49] 李萌.基于平法识图与钢筋翻样课程实训的教学改革与研究[J]，教育观察，2021，10(2): 132–134.

[50] 吴玉昌.平法识图与钢筋算量课程教学改革的探索[J]，安徽建筑，2021，28(8): 185–186.

[51] 王海强.信息化技术背景下平法识图课程教学模式研究[J]，山西建筑，2021，47(19): 187–189.

[52] 王小华，刘捷，郑非.BIM 技术在平法识图课程中的应用[J]，武汉工程职业技术学院学报，2021，33(4): 91–93.

[53] 李丽."四维一体"教学模式下建筑结构施工图识读课程教学改革研究——以宁夏建设职业技术学院为例[J]，住宅与房地产，2021(24): 239–240.

[54] 舒灵智."三全育人"背景下《平法识图与钢筋算量》课程思政教学

设计与实践 [J], 房地产世界，2022(7): 73-76.

[55] 戴海霞."一图贯通，螺旋递进"教学模式下课堂教学实践与探究——以《钢筋平法识图与算量》课程为例 [J], 中国住宅设施，2022(2): 81-83.

[56] 张熔，吴玉昌.《平法识图与钢筋算量》课程思政的教学探讨 [J], 中国设备工程，2022(6): 261-263.

[57] 陈莉粉.《平法识图与钢筋算量》课程思政建设研究 [J], 陕西教育（高教），2022(6): 35-36.

[58] 郭春红."平法识图与钢筋计算"教学方法探索与应用 [J], 科技风，2022(9): 115-117.

[59] 王莎.高职专业课程中的课程思政实践研究——以《混凝土结构施工图识读》课程为例 [J], 襄阳职业技术学院学报，2022，21(4): 66-69.

[60] 徐静伟，何宏斌，李静.高职院校"施工图识读"课程思政教学改革与实践——以西安铁路职业技术学院为例 [J], 林区教学，2022(11): 24-27.

[61] 朱新圆.结构施工图识读课程"三递进两融合"课程改革研究与探索 [J], 科教导刊，2022(9): 95-97.

[62] 陈勇燕.高职院校"1+X"课证融通实施路径研究——以"结构平法识图"课程为例 [J], 福建建材，2022(10): 109-111.

[63] 方娥，宋国芳.核心素养培育视域下高职"建筑结构基础与平法识图"课程开发策略研究 [J], 科技风，2022(9): 10-12.

[64] 蔡瑜，邓爽.基于 BIM 技术《平法识图与钢筋计算》课程教学探究与实践 [J], 中国住宅设施，2022(7): 82-84.

[65] 李班，李兴怀，汪玲.平法识图与钢筋算量教学设计 [J], 黄冈职业技术学院学报，2022，24(6): 68-72.

[66] 谭毅，许文煜，熊琛，等.新工科背景下增强现实技术在课程教学中的应用——以平法识图教学为例 [J], 中国现代教育装备，2022(10): 88-91.

[67] 蒋业浩，姜艳艳.1+X 证书制度下"平法识图"课证赛融合探索与实践 [J], 科教导刊，2023(2): 118-120.

[68] 高卫亮，韩露，刘亚欣，等.BIM技术在钢筋平法识图与算量课程教学中的应用[J]，科陶瓷，2023(2): 176–178.

[69] 杨友文.Revit在平法识图与钢筋翻样实训课的应用[J]，山西建筑，2023，49(6): 196–198.

[70] 庞玲.论中职《钢筋平法与算量》课程教学评价[J].职业技术，2013(9): 56.

[71] 金燕，李剑慧.构建结构识图课程学业评价体系的研究[J].职业教育研究，2013(6): 166–167.

[72] 杜国城.范土铸金：建筑高职教育研究与实践[M]，北京：清华大学出版社，2021.

[73] 罗碧玉，孟琳，叶征."建筑工程识图"技能大赛下的结构施工图绘制[J]，杨凌职业技术学院学报，2023，22(2): 89–91.

[74] 谢姗.建筑工程识图技能大赛及教学反思[J]，智库时代，2018(39): 147–150.

[75] 廖艳,刘瀚隆,向美玲,等.建筑工程识图技能竞赛备赛及教学反思[J]，科教导刊，2021(31): 10–12.

[76] 齐玉清.建筑工程识图技能竞赛促进教学机制的研究[J]，建材与装饰，2019(19): 131–132.

[77] 董娟.全国职业院校技能大赛高职组"建筑工程识图"赛项备赛经验谈[J]，职业，2018(24): 26–27.

[78] 胡婷婷.职业技能大赛对教学改革的促进作用探究——以建筑工程识图竞赛为例[J]，文化创新比较研究，2019(28): 145–146.

[79] 赵延春，许飞，仝小芳.指导学生参加建筑工程识图技能竞赛的总结与思考[J]，科教导刊，2020(32): 61–62.

[80] 黄显鸽.浅析融入劳动教育理念的高职生培养——以陕西铁路工程职业技术学院为例[J]，产业与科技论坛，2021，20(4): 204–205.

[81] 赵东，宋德军.高职交通土建类专业劳动教育实施路径探索[J]，太原城市职业技术学院学报，2020(2): 143–144.

[82] 谢彬彬，田思思.高职院校劳动教育课程体系构建思路初探——以湖北生态工程职业技术学院为例[J]，绿色科技，2020(23): 233–234.

[83] 侯玉洁，杨炎川，刘淼. 高职院校职教云线上线下混合教学模式探索——以机械制造技术基础课程为例 [J], 黑龙江科学, 2020, 11(15): 4-6.

[84] 尧国皇, 谭幽燕, 刘庆林, 等. 建筑结构精品共享课程建设的实践与思考 [J], 深圳信息职业技术学院学报, 2017, 15(4): 42-46.

[85] 尧国皇, 刘庆林, 徐伟伟. 激发高职学生对《钢筋平法识图》课程学习兴趣的八种方法 [J], 深圳信息职业技术学院学报, 2018, 16(3): 42-46.

[86] 尧国皇. 平法识图与钢筋计算课程信息化教学设计的应用 [J], 广东交通职交通职业技术学院学报, 2020, 19(4): 106-109.

[87] 尧国皇. "多维一体"的线上教学实践与思考——基于《平法识图与钢筋计算》课程 [J], 深圳信息职业技术学院学报, 2020, 18(4): 59-62.

[88] 尧国皇. 基于BIM技术的高职扩招学生土建识图类课程教学模式的探索 [J], 深圳信息职业技术学院学报, 2021, 19(3): 78-82.

[89] 尧国皇, 徐伟伟. 大学生结构设计信息技术大赛对高职土建识图类课程教学的启示 [J], 广东交通职业技术学院学报, 2021, 20(3): 61-68.

[90] 尧国皇, 徐伟伟, 朱冬飞.《平法识图与钢筋计算》课程动画与视频课件的开发研究 [J], 城市建筑, 2022(2): 161-164.

[91] 尧国皇, 徐伟伟, 钟宇涛. 基于BIM技术的高职课程思政实施路径探究——以平法识图与钢筋计算课程为例 [J], 深圳信息职业技术学院学报, 2023, 21(1): 51-56.

[92] 杨建, 尧国皇. 智能建造背景下高职建筑类专业人才培养改革探究——以深圳某高职院校建设工程管理专业为例 [J], 深圳信息职业技术学院学报, 2022, 20(4): 39-45.

[93] 尧国皇, 徐伟伟, 杨建. 高职平法识图与钢筋计算课程说课设计探究 [J], 广东交通职业技术学院学报, 2023, 22(3): 84-88.

[94] 金志辉.《平法识图》微信公众平台的建设方法 [J], 江西建材, 2016(7): 285-287.

[95] 金志辉, 金志梅, 莫晓. SketchUp软件辅助建筑工程制图与识图教学

[J]，科教文汇，2012(6): 65–66.

[96] 金志辉. 平法识图线上线下结合的课程改革 [J]，昆明冶金高等专科学校学报，2017，33(5): 101–104.

[97] 赵居礼，王艳芳. 完善高职教材体系建设的基本思路 [J]，职业技术教育（教科版），2003，24(10): 42–45.

[98] 周慧玲. 高职管理类课程以"做"为中心开发活页式教材探析——以工程造价专业群《建设项目全过程工程咨询实务》教材为例 [J]，科技风，2021(11): 22–24.

[99] 刘庆林，袁雄洲，尧国皇，等. BIM 大背景下高职建设工程管理 BIM 技术应用人才培养途径探讨 [J]，深圳信息职业技术学院学报，2021，19(2): 49–52.

[100] 朱冬飞，黄翰，张军委，尧国皇. 聚焦"专业岗位职务能力"背景下的课程改革与实践——以"建筑结构基础与钢筋算量"课程为例 [J]，广东交通职业技术学院学报，2021，20(1): 99–102.

[101] 尧国皇，陈宜言，潘东辉，等. 厦门市海峡交流中心二期 2 号塔楼结构设计与研究 [J]，建筑钢结构进展，2011，13(2): 15–23.

[102] 黄用军，宋宝东，尧国皇，等. 深圳卓越·皇岗世纪中心项目二号塔楼结构设计与研究 [J]，建筑钢结构进展，2009，11(2): 48–55.

[103] 尧国皇，黄用军，宋宝东. 深圳卓越·皇岗世纪中心项目二号塔楼结构抗震设计 [J]，钢结构，2009，24(7): 43–46

[104] 尧国皇，陈宜言，郭明，等. 某超高层钢管混凝土框架——核心筒结构设计计算综述，工程抗震与加固改造，2011，33(4): 66–72.

[105] 北京市建筑设计研究院有限公司. 结构施工图常见问题图示解析——混凝土结构 [M]. 北京：中国建筑工业出版社，2019.

[106] 中国建筑标准设计研究院，混凝土结构施工图平面整体表示方法制图规则和构造详图（现浇混凝土框架、剪力墙、梁、板）（22G101-1）[M]. 北京：中国计划出版社，2022.

[107] 中国建筑标准设计研究院，混凝土结构施工图平面整体表示方法制图规则和构造详图（现浇混凝土板式楼梯）（22G101-2）[M]. 北京：中国计划出版社，2022.

[108] 中国建筑标准设计研究院. 混凝土结构施工图平面整体表示方法制图规则和构造详图（独立基础、条形基础、筏形基础和桩基承台）（22G101-3）[M]. 北京：中国计划出版社，2022.

[109] 陈青来. 钢筋混凝土结构平法设计与施工规则 [M]. 北京：中国建筑工业出版社，2018.

[110] 金燕. 混凝土结构识图与钢筋计算 [M]. 北京：中国电力出版社，2017.

[111] 魏丽梅. 钢筋平法识图与计算 [M]. 长沙：中南大学出版社，2015.

[112] 傅华夏. 三维彩色立体图集 [M]. 北京：北京大学出版社，2021.

[113] 金志辉，宋爱苹. 平法识图 [M]. 上海：上海交通大学出版社，2019.

[114] 夏玲涛，邬京虹. 施工图识读 [M]. 北京：高等教育出版社，2017.

[115] 蝴蝶. 平法识图与钢筋计算 [M]. 湖北：武汉理工大学出版社，2020.

[116] 陈达飞. 平法识图与钢筋计算（第三版）[M]. 北京：中国建筑工业出版社，2017.

[117] 尧国皇，孙明. 建筑结构弹塑性分析技术研究与应用 [M]. 北京：中国建筑工业出版社，2023.

[118] 尧国皇，陶伟，范香. 平法识图与钢筋算量 [M]. 哈尔滨：哈尔滨工程大学出版社，2023.

[119] 金志辉，宋爱苹. 平法识图 [M]. 上海：上海交通大学出版社，2019.